"十四五"高职院校精品系列教材

U0516892

茶艺实务

主　编/廖晓敏

产教融合　　校企合作

工学结合　　知行合一

西南财经大学出版社

中国·成都

图书在版编目(CIP)数据

茶艺实务/廖晓敏主编.—成都:西南财经大学出版社,2023.10
ISBN 978-7-5504-4893-3

Ⅰ.①茶… Ⅱ.①廖… Ⅲ.①茶艺—高等职业教育—教材
Ⅳ.①TS971.21

中国版本图书馆 CIP 数据核字(2021)第 093595 号

茶艺实务
CHAYI SHIWU
主编　廖晓敏

策划编辑:杨婧颖
责任编辑:杨婧颖
助理编辑:乔　雷
责任校对:雷　静
封面设计:墨创文化　张姗姗
责任印制:朱曼丽

出版发行	西南财经大学出版社(四川省成都市光华村街 55 号)
网　　址	http://cbs.swufe.edu.cn
电子邮件	bookcj@swufe.edu.cn
邮政编码	610074
电　　话	028-87353785
照　　排	四川胜翔数码印务设计有限公司
印　　刷	郫县犀浦印刷厂
成品尺寸	185mm×260mm
印　　张	13
字　　数	287 千字
版　　次	2023 年 10 月第 1 版
印　　次	2023 年 10 月第 1 次印刷
印　　数	1— 2000 册
书　　号	ISBN 978-7-5504-4893-3
定　　价	35.00 元

前言
QIANYAN

　　随着人民生活水平的提高，市面上涌现出了大量茶馆、茶艺比赛、茶展会等与茶相关的场所及活动，带动了人们对茶的精神层面的追求。随着传统茶文化焕发新生，社会对茶艺人才的培养也提出了新的要求。党的二十大报告指出："推进教育数字化，建设全民终身学习的学习型社会、学习型大国。"本书编者遵循党的二十大精神，以发展职业教育为大背景，以培养应用型人才为要求编写本教材。本书组建校企合作的专业化教学团队，在教学内容的编写基础上以高职院校教育为主线，参考茶艺比赛、考证及行业需求，同时配套建设数字教学资源。

　　本书以"筑基—专精—成匠"三段式培养为引线，将内容划分为基础—技能—提升三个部分。本书从欣赏茶文化之美的视角，强技能、提自信，着力培养学生的创新精神和实践能力，增强学生的职业适应能力和可持续发展能力。

　　本书共分为上、中、下三篇。上篇为茶艺基础，共分为五个项目，分别介绍文化、工艺、品鉴、鉴赏、健康。中篇为茶艺服务，共分为三个项目，分别介绍茶艺礼仪、传统茶艺和特色茶艺。下篇为茶艺提升，共分为三个项目，分别介绍茶席的设计、主题茶艺创作设计和茶艺英语。

　　本书由廖晓敏任主编，参编人员有林菁、蒋晓艳、陈思容、黄陈熙、林媛媛、於春毅、谭理芸、梁小草、刘芳、石冰、卢娟、宋青、黄燕、吴斌。各位编写人员具体分工如下：

上篇　茶艺基础

项目一　文化之美：廖晓敏

项目二　工艺之美：林菁、刘芳

项目三　品鉴之美：廖晓敏、刘芳

项目四　鉴赏之美：黄燕

项目五　健康之美：於春毅

中篇　茶艺服务

项目六　茶艺之美：廖晓敏、吴斌

项目七　传统茶艺：蒋晓艳、陈思容、林媛媛

项目八　特色茶艺：宋青、黄燕、廖晓敏、石冰

下篇　茶艺提升

项目九　茶席设计：廖晓敏

项目十　主题茶艺：廖晓敏、卢娟

项目十一　茶艺英语：梁小草、谭理芸、黄陈熙

茶艺表演人员有蒋晓艳、陈思容、廖晓敏、梁培琳、陆岚芝、李佳薇、李艳、覃雅菲、邓华香、覃友、门子钰。

摄影：青柠檬团队、黄珍标。

插图绘制：廖晓敏、梁燕。

本书在吸取广大教师、读者的意见和建议的前提下，为使读者直观地了解茶艺操作的具体过程，在内文里穿插了大量的教学图片，并配以丰富的网络数字教学资源。随着时代的进步以及教学方法和教学内容的不断变化，我们将不断修订和改编教材，力图完善。

在本书的编写过程中，编者参考了大量书籍、论文资料，并广泛吸取教师、学生以及从业人员的意见和建议，在此表示感谢。由于时间仓促、水平有限，书中不足之处在所难免。恳请广大师生、茶艺工作者及其他社会各界人士对教材内容提出宝贵意见和建议，以帮助我们不断改进和完善。

编者

2023 年 8 月

目录

下篇　茶艺提升

上篇　茶艺基础

实训目标

本篇是茶艺学习的基础阶段。通过学习，学生能够从茶文化、制茶工艺和茶叶鉴赏三个方面建构起对茶的认知。

(1) 了解中国茶文化的发展和饮茶渊源。

(2) 了解茶叶加工制作的工艺和工序。

(3) 熟悉茶叶鉴赏术语，掌握茶叶品鉴的基本方法。

(4) 掌握茶具的基本分类。

(5) 掌握健康饮茶的方法。

项目一　文化之美

导入语

中国茶文化源远流长。据《神农本草经》记载："神农尝百草，日遇七十二毒，得茶而解之。"这段文字揭示了人们对茶最早的应用，即药用。随着历史的推移，人们在茶的认知、栽培、加工等方面都有新的发展，对茶的应用则经历了煮茶—煎茶—点茶—泡茶四个阶段。

任务一　茶文化发展史

一、实训要求

通过本任务的学习，要求学生：

·了解茶文化的概念；

·掌握茶文化传播脉络；

·了解茶文化传播现状。

二、实训基本知识

（一）茶文化的概念

"茶文化"这一提法于1993年正式确立。学者们对茶文化开展了多角度的运用研究。陈文华（1999）、周国富（2019）等学者从文化人类学说和文化现象的角度，将茶文化概括为与茶的生产和发展相关的文明成果，兼具物质和精神两个层面。丁以寿（2006）指出，茶文学与艺术是茶文化的主体，建议去除制度文化层。

本书对茶文化进行如下定义：茶叶在采制、加工、销售、存储等过程中形成的文明成果。茶文化层次、内涵与表现形态如表1-1所示。

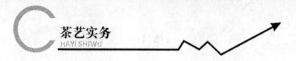

表1-1　茶文化层次、内涵与表现形态

茶文化层次	茶文化层次内涵	茶文化表现形态
物态文化	与茶有关的实物产品及生产活动方式的总和	1. 采制、种植、存储茶的工具； 2. 品饮时与茶有关的实物； 3. 饮茶的场所
制度文化	与茶有关的行为规范总和	中国古代的纳贡制度、税收制度
行为文化	与茶有关的行为方面的模式	品饮技艺、茶艺礼仪和习俗、养生保健
心态文化	与茶有关的社会意识	茶道茶德等价值观念、审美引领的涉茶艺术

（二）茶文化的发展

中国是茶树的原产地。中国西南地区人民最早发现、利用和栽培茶树，中国西南地区同时也是世界上最早发现野生茶树、现存野生茶树数量最多、茶树密度最集中的地区。在古籍中，也有相当多关于茶树的记载。《尔雅》将茶树称为槚，意为苦茶。《桐君采药录》把大茶树称为瓜芦木，称其可通夜不眠。最为著名的是唐代陆羽在《茶经》中的描述："茶者，南方之嘉木也""茶之为饮，发乎神农氏，闻于鲁周公"。这些古籍中关于茶的记载说明，对茶的发现和利用最早起源于中国。

1. 国内茶文化的传播及发展

（1）萌芽期（唐代以前）。

先秦、两汉时期，巴蜀是重要的茶叶生产中心，也是茶文化的萌芽中心。东晋《华阳国志·巴志》中提到，周武王伐纣时期，将巴蜀之地的茶"纳贡之"。由此推断，茶树的栽培历史已有3 000多年。汉宣帝时期成书的《僮约》记载有"烹茶尽具""武阳买茶"。在这一时期，西汉已出现饮用茶，并有了专门的茶具，以及买卖茶叶这一商品的市场。这为茶文化的萌芽奠定了基础。

（2）形成期（唐代）。

随着茶叶种植面积的扩大，长江中下游地区因具有种植和饮用基础，在唐代成为全国茶叶生产和技术革新的中心。唐代茶叶的形态有粗茶、散茶、末茶、饼茶，并且喝茶习俗已普及至百姓，百姓"不得一日无茶"；茶的产量得到大幅度提高，制茶技术也得到了发展。因此，茶叶在中国的传播，从四川遍及全国，在唐、宋时期成为人们日常生活的必需品。据史料记载，唐代已有80个州产茶，茶叶产区遍及全国，与近代茶区相当。茶区面积增大，饮茶习俗也随之迅速普及，茶文化向外传播有了一定的基础。

唐代时期的茶诗、茶画等文化艺术作品日益增多，与茶有关的诗歌达到391首，其中包括许多茶诗佳作。例如，卢仝的《走笔谢孟谏议寄新茶》、白居易的《山泉煎茶有怀》等。而唐代的画作则体现了茶宴及茶会的兴起。阎立本的《萧翼赚兰亭图》是现存的唐代最早的茶画，在宋代及以后被反复临摹。图1-1为《明人萧翼赚兰亭图轴》明代绘本，画面左下角描绘了备茶的情节，童子扇动蒲扇侍火煮茶，侍者等待分茶。顾闳中《韩熙载夜宴图》记录了文人雅士茶宴的宏大场景。此画描绘了韩熙载与宾客欣赏琵琶独奏的场景。在韩熙载前方摆放了食物和茶器，包括两个执壶、瓷盏等物品，如图 1-2 所示。《宫乐图》又名《会茗图》，描绘了仕女们品茶赏乐的画面，再现了唐代煎茶法的场景，如图 1-3 所示。

图 1-1 《明人萧翼赚兰亭图轴》明代绘本（局部）北京故宫博物院藏

（资料来源：故宫博物院官网）

图1-2 《韩熙载夜宴图》（局部）（宋摹本）北京故宫博物院藏

（资料来源：故宫博物院官网）

图1-3 《宫乐图》台北故宫博物院藏

（资料来源：台北故宫博物院官网）

唐代陆羽撰写的《茶经》是世界上最早的茶叶专著，全书共分10个章节：一之源、二之具、三之造、四之器、五之煮、六之饮、七之事、八之出、九之略、十之图。《茶经》详细记载了茶叶的种植、加工、饮用等内容，奠定了中国茶道精神，推动了茶叶生产和茶文化的发展。陆羽也因此成为中国茶文化的奠基人，被后人尊称为"茶圣"。

（3）发展期（宋、元时期）。

茶兴于唐而盛于宋。宋代饮茶更为普及，宫廷、民间都喜爱斗茶，掀起了一种新的饮茶热潮——点茶。宋代饮茶之风盛行，茶书、茶诗和茶画都有了长足发展。其中，茶书25种，其中最引人注目的是宋徽宗赵佶所著的《大观茶论》，这是历史上唯一一部由皇帝撰写的茶书。北宋蔡襄的《茶录》记载了点茶的内容。两本书为后人研究宋代茶文化提供了宝贵资料。宋代茶诗众多，其中陆游的茶诗有 300 多首，苏东坡有 70 多首。宋代的茶画也不少，宋徽宗的《文会图》、刘松年的《撵茶图》描绘了点茶的场景。《文会图》前景为煮水煎茶，中后景则是文人雅士端坐、持盏、谈论，画作中的茶具在北宋茶器中都有相应的器例，如图 1-4 所示。《撵茶图》采用工笔白描手法，描绘宋代点茶的过程。画作中清晰可见磨茶（左下）、点茶（左上）、伏案执笔（右侧），桌上可见茶罗、茶盏、茶托、茶筅等点茶用具，如图 1-5 所示。《茗园赌市图》和《斗茶图》分别描绘了人们在树下、茶市、民间斗茶的场景。可见，宋代点茶之风尤为盛行，如图 1-6、图 1-7 所示。

图 1-4　《文会图》台北故宫博物院藏

（资料来源：台北故宫博物院官网）

图 1-5　《撵茶图》（局部）台北故宫博物院藏
（资料来源：台北故宫博物院官网）

图 1-6　《茗园赌市图》台北故宫博物院藏
（资料来源：台北故宫博物院官网）

图 1-7　《斗茶图》台北故宫博物院藏

（资料来源：台北故宫博物院官网）

（4）改革期（明、清时期）。

明太祖朱元璋发布诏令，"罢造龙团，惟采芽茶以进"。自此，进贡茶从团饼茶变为散茶，此举在一定程度上促进了名优散茶的发展。明朝时期出现了炒青茶、黄茶、白茶和黑茶。发展至清朝，六大茶类已基本齐全。

明清时期的茶具，尤其是紫砂壶得到长足发展，工艺大师制作的紫砂壶更是成为中国茶文化的瑰宝。明清时期的饮茶技艺也发展成熟，化繁为简，以泡茶法为主，潮汕一带所使用的功夫茶茶艺更是成为茶艺史上的活化石。这一时期的茶诗、茶书、茶画也不少，其中茶书达到 60 多部，许次纾的《茶疏》、钱椿年的《茶谱》、张源的《茶录》等书作都对后世有着很深的影响。明代唐寅的《事茗图》、文徵明的《品茶图》都描绘了山间品茶的画面，于天地山水间与茶人共品共赏，展示了文人学士闲适的山居生活，如图 1-8、图 1-9 所示。清代宫廷画师金廷标的《品泉图》，展现了在溪边品茶的画面，如图 1-10 所示。文人雅士的融入，使得明清时期的茶事活动对品茗环境更为注重，与自然山水融为一体，追求天人合一。

图 1-8 《事茗图》(局部) 北京故宫博物院藏
(资料来源:故宫博物院官网)

图 1-9 《品茶图》(局部) 台北故宫博物院藏
(资料来源:台北故宫博物院官网)

图 1-10　《品泉图》台北故宫博物院藏

（资料来源：台北故宫博物院官网）

（5）再创辉煌期（当代时期）。

明清时期出现了茶馆，到近现代，地方茶俗的定型和发展把茶馆文化推至新高度，茶叶成为人们生活的必需品。到当代，茶文化突飞猛进。中国名优茶的数量与品质均在世界上处于领先地位。各地开展的茶文化活动内容丰富，形式多样，有茶博物馆、茶专业书籍、茶文化节、茶博览交易会、茶文化旅游、名茶及茶艺比赛、书画展示等。茶相关艺术品也得到了空前发展，茶文化活动更加多元化，掀起了新一轮的茶文化热潮。

2. 国外茶文化的传播及发展

随着贸易和文化交流的推进，茶叶传播至朝鲜和日本。6 世纪下半叶，茶叶首先传入朝鲜半岛。公元 805 年，日本最澄和尚来中国浙江学佛后携带茶树种子回国，在日本近江（今日本滋贺县境内）种植茶树，这是中国茶种向海外传播的最早记载。其后，通过欧洲各国商人的贸易往来，茶叶于 16 世纪传播至欧洲各国并进而传到美洲大陆。

伴随着历史的进程，中国的茶文化跟随茶叶走向了世界，并与当地的民族文化、生活习惯相互融合，形成了一系列具有当地特色的茶文化现象和习俗。

世界茶文化比较的典型区域包括东亚茶文化区、西欧茶文化区、南洋茶文化区等。东亚茶文化区包括中国、日本、韩国；西欧茶文化区包括俄罗斯、英国；南洋茶文化区包括马来西亚等国。其中，日本茶道文化起源于中国浙江，它以蒸青绿茶为核心，以其严格的礼制、程序等著称于世。日本茶道以和敬清寂为核心，程式化和仪式感是其茶文化的重要

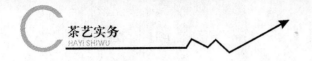

特征，日本茶道的流程及形式贴近普通百姓的生活。随着红茶传播至英国，下午茶文化对英国的饮食文化产生了深远影响。同样围绕红茶，处于西欧茶文化区的俄罗斯则以茶饮文化为典型茶文化。为了适应寒冷的气候，俄罗斯茶饮以煮茶为主要方式，并由此诞生了红茶调饮、茶炊器的鉴赏活动。南洋茶文化区的茶文化发展与"下南洋"历史渊源很深，也让六堡茶为代表的黑茶走入了南洋百姓的生活。如今，马来西亚和新加坡的肉骨茶、拉茶，泰国的冰茶等饮茶方式，丰富了茶文化的表现形式。茶文化经历了多年的发展，在世界各地与当地的审美、饮食等结合，融入百姓生活，具备浓厚的地方特色。茶树起源于中国，茶的知识和文化传播至全球，对世界各国的茶文化产生了不同程度的影响，也为中国与世界交流搭建了桥梁。

3. 饮茶方法的演变

根据文献记载，最早使用茶叶的神农氏将茶叶作为药用，这也是被认可的最为普遍的茶饮之源说。随着制茶方法的进步，以及人们生活习俗的变化，古代饮茶方式在不同时期呈现出不同的特点，如表1-2所示。

表1-2 古代不同时期的饮茶特点

时期	主要饮茶方式	主要茶叶形态
唐以前	烹、煮	鲜叶
唐中叶	烹煎	饼茶
宋代	点茶	饼茶
明清	泡茶	散茶

（1）煮茶法。

在西汉时期，《僮约》所载的"烹茶尽具"成为饮茶的开端。晋代郭璞《尔雅》注："树小如栀子，冬生，叶可煮作羹饮。"唐以前没有制茶法，一般认为，唐以前的喝茶方式为鲜叶羹饮，即将茶叶放在水中烹煮而饮。晚唐杨华《膳夫经手录》记载："茶，古不闻食之。近晋、宋以降，吴人采其叶煮，是为茗粥"。汉魏南北朝直至初唐时期，主要是直接采茶树生叶烹煮成羹汤而饮，吴人称之为"茗粥"。《茶经·五之煮》记载了唐代以前的煮饮方式："或用葱、姜、枣、橘皮、茱萸、薄荷之等，煮之百沸，或扬令滑，或煮去沫。"煮茶法在少数民族群众当中较为流行，及至今日依然存在。

（2）煎茶法。

唐朝中叶，陆羽在《茶经》中大力提倡煎饮法，选用饼茶。其主要流程有：备器、选水、取火、候汤、炙茶、碾茶、罗茶、煎茶、酌茶、饮茶、洁器。本书节选与现今差异较大的流程进行解释。

选水：古人选水十分讲究，煎茶以山泉水为上，江中清流水为中，井水为下。而山泉水又以乳泉漫流者为上。

炙茶、碾茶、罗茶：唐朝的制茶法与今日不同，因此在茶叶准备过程中要经历炙茶、碾茶和罗茶三个工序，将饼茶加工成细末状颗粒。炙茶是先用无异味的文火烤炙茶饼，注意受热均匀，待茶饼烤出像癞蛤蟆背部突起的小疙瘩并散发清香时，储存待冷却。碾茶是待茶叶冷却后，使用茶碾碾碎。罗茶则是放入罗盒细筛，剔除未碾碎的粗梗、碎片。最后放入竹盒之内备用。

煎茶：煎茶讲究三沸水。一沸水为鱼目气泡，加入适量盐。二沸水为涌泉连珠，即边缘连珠水泡向上冒的状态。此时要舀出一瓢水，用竹夹子在茶釜中搅动，形成旋涡，等待表面汤花产生，即育华。此时将舀出的水倒回，使水停沸，产生茶沫。陆羽认为，三沸水为腾波鼓浪，不适宜饮用。水刚煮开时，去掉茶汤表面的黑色沫子，取第一汤为隽永，用作育华止沸。接下来便可以分茶饮茶了。卢仝的《走笔谢孟谏议寄新茶》中，对七碗茶汤做了记述，对后代的茶饮方式影响很深。

（3）点茶法。

点茶法流行于宋代，从蔡襄《茶录》、宋徽宗《大观茶论》等书看来，点茶法的主要程序有备器、洗茶、炙茶、碾茶、磨茶、罗茶、择水、取火、候汤、熁盏、点茶（调膏、击拂）、饮茶。

《荈茗录》记："能注汤幻茶，成一句诗。"宋代陶谷的《清异录》记载了"近世有下汤运匕，别施妙诀，使汤纹水脉成物象者，禽兽虫鱼花草之属，纤巧如画。"这里描述的是注汤幻茶成诗成画，称为茶百戏、水丹青，宋人又称"分茶"。分茶法已失传，我们只能在古代文献中感受分茶的高超技艺。

（4）泡茶法。

泡茶法又称撮茶法。明代改喝团饼为散茶，冲泡的茶以散茶为主。明代宁王朱权提倡饮茶方式从简，在传统茶具和茶艺上均做出了改革，形成了瀹饮法。瀹主要指"浸、渍"，是把茶叶放置于茶壶或茶盏中，用沸水冲泡的简便方法。瀹饮法讲究候汤，投茶有序，操作发挥空间大，深受百姓喜爱。在清代最为盛行的是功夫茶茶艺，并流传至今。

三、实训器材

笔记本、电脑、多媒体设备。

四、实训环节

本实训项目为校外走访调研，全班分成 4~6 个小组，以小组为单位开展。

（1）针对传统茶文化的传播设计问卷，问卷应包含但不限于以下方面：走访地呈现的茶文化形式、茶文化的内容、走访人员对茶文化的认知；

（2）走访当地典型茶馆、博物馆、茶园，保存走访录音、相片、录像等材料；

（3）将调研情况制作成PPT，并在课堂上进行展示演讲；

（4）教师点评并进行总结。

五、实训考核

每个小组派1名代表，陈述本组的PPT。

任务二　茶的饮法渊源

一、实训要求

通过本任务的学习，要求学生：

· 了解历史上饮茶方式的渊源；

· 掌握历史上主要的饮茶方式；

· 掌握仿古茶艺操作的基本技能。

二、实训器材

实训器材如表1-3所示。

表1-3　实训器材

物品名称	数量/件
汤瓶	1
茶筅	1
茶盏	4
茶臼	1
茶磨	1
茶碾	1
茶罗	1
茶刷	1
赏茶荷	1
茶盘	1
茶巾	1
茶粉罐	1

表1-3(续)

物品名称	数量/件
蒸青绿茶	6 克
水盂	1

注：可根据实际情况，将茶盏减至 1 个，完成关键环节训练。

三、实训环节

本实训为仿宋茶艺。根据实训器材表的要求准备好实训器具，按照冲泡流程分组开展实训。

（一）准备泡茶器具

仿宋茶艺的布置遵循宋代美学原则，操作便利。

（1）茶粉单盏茶席布置。单个茶盏遵循中心放置茶盏，代表人位。左侧为汤瓶，右侧为水盂，三者横向中心线在一条直线上。茶盏左上方为茶粉罐，右上方为茶筅，以不影响操作及横向中心线对齐为宜人，代表天位。茶盏正下方摆放茶巾，代表地位。使用茶粉点茶则省略第一步。

（2）茶叶多盏茶席布置。在单盏基础上，综合考虑美观和便利进行布置。在天位放置客用盏，在人位放置茶碾、茶罗、茶磨等物品，如图 1-11 所示。

图 1-11　茶叶多盏茶席

（二）冲泡流程

（1）捣茶、磨茶、罗茶，如图 1-12、图 1-13、图 1-14 所示。

图 1-12　捣茶

图 1-13　磨茶

图 1-14　罗茶

（2）使用茶臼将茶叶捣碎，放入茶磨中研磨，并用茶罗盒子细筛茶末，放入赏茶荷备用，如图 1-15 所示。

图 1-15　磨好的茶粉

（3）润筅，筅以老竹为佳，如图 1-16 所示。

图 1-16　润筅

（4）燲盏，盏色贵黑青，底深口宽，颜色清白，如图 1-17 所示。

图 1-17　燲盏

（5）置茶粉，茶少汤多，云脚散，汤少茶多，乳面聚，如图1-18所示。

图1-18　置茶粉

（6）调膏，量茶受汤，调如融胶。

（7）点茶，如图1-19所示。

图1-19　点茶

根据古书记载，点茶分为七汤法，如图1-20所示。

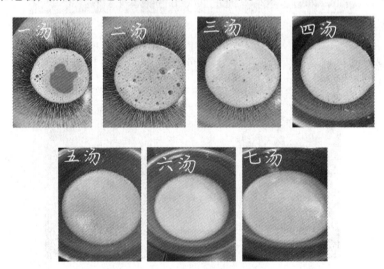

图1-20　七汤点茶

一汤疏星皎月：环注盏畔，搅动茶膏，渐加击拂，手轻筅重，指绕腕旋；汤面如疏星皎月，灿然而生。

二汤珠玑磊落：茶面环绕一周，急注急止，击拂既力；汤面色泽渐开，珠玑磊落。

三汤粟文蟹眼：注水和二汤相同，击拂旋转；汤面如粟文蟹眼，泛结杂起。

四汤云雾渐升：注水稍少，下筅幅度大，速度减缓；汤面云雾渐生。

五汤浚霭凝雪：注水稍多，运筅轻盈，动作充分；汤面结浚霭，结凝雪。

六汤乳点勃结：观察汤面，酌量注水；乳点勃结，轻拂汤面。

七汤乳雾汹涌：观察汤面，分轻清重浊，相稀稠得中，乳雾汹涌，溢盏而起，周回旋而不动，谓之咬盏。

（8）啜英咀华，品茶。

四、实训考核

实训考核评分表，如表1-4所示。

表1-4 实训考核评分表

班级：　　　　　姓名：　　　　　测试时间：　　　　　总分：

序号	项目	分值分配	要求和评分标准	扣分标准	扣分	得分
1	礼仪仪表仪容（15分）	5	发型、服饰端庄自然	发型、服饰尚端庄自然，扣0.5分； 发型、服饰欠端庄自然，扣1分； 其他因素扣分		
		5	形象自然、得体，优雅，表情自然，具有亲和力	表情木讷，眼神无恰当交流，扣0.5分； 神情恍惚，表情紧张不自如，扣1分； 妆容不当，扣1分； 其他因素扣分		
		5	动作、手势、站立姿、坐姿、行姿端正得体	坐姿、站姿、行姿尚端正，扣1分； 坐姿、站姿、行姿欠端正，扣2分； 手势中有明显多余动作，扣1分； 其他因素扣分		
2	茶席布置（10分）	5	器具选配功能、质地、形状、色彩与茶类协调	茶具色彩欠协调，扣0.5分； 茶具配套不齐全，或有多余，扣1分； 茶具之间质地、形状不协调，扣1分； 其他因素扣分		
		5	器具布置与排列有序、合理	茶具、席面欠协调，扣0.5分； 茶具、席面布置不协调，扣1分； 其他因素扣分		

表1-4(续)

序号	项目	分值分配	要求和评分标准	扣分标准	扣分	得分
3	茶艺演示（35分）	15	冲泡程序契合茶理，投茶量适宜，水温、冲水量及时间把握合理	冲泡程序不符合茶性，洗茶，扣3分； 不能正确选择所需茶叶，扣1分； 选择水温与茶叶不相适宜，过高或过低，扣1分； 水量过多或太少，扣1分； 其他因素扣分		
		10	操作动作适度，顺畅，优美，过程完整，形神兼备	操作过程完整顺畅，尚显艺术感，扣0.5分； 操作过程完整，但动作紧张僵硬，扣1分； 操作基本完成，有中断或出错二次以下，扣2分； 未能连续完成，有中断或出错三次以上，扣3分； 其他因素扣分		
		5	泡茶、奉茶姿势优美端庄，言辞恰当	奉茶姿态不端正，扣0.5分； 奉茶次序混乱，扣0.5分； 不行礼，扣0.5分； 其他因素扣分		
		5	布局有序合理，收集有序，完美结束	布具、收具欠有序，茶具摆放欠合理，扣0.5分； 布具、收具顺序混乱，茶具摆放不合理，扣1分； 离开演示台时，走姿不端正，扣0.5分； 其他因素扣分		
4	茶汤质量（35分）	25	茶的色、香、味等特性表达充分	未能表达出茶色、香、味其一者，扣5分； 未能表达出茶色、香、味其二者，扣8分； 未能表达出茶色、香、味其三者，扣10分； 其他因素扣分		
		5	所奉茶汤温度适宜	温度略感不适，扣1分； 温度过高或过低，扣2分； 其他因素扣分		
		5	所奉茶汤适量	过多（溢出茶杯杯沿）或偏少（低于茶杯1/2），扣1分； 各杯不均，扣1分； 其他扣分因素		
5	时间（5分）	5	在6～10min内完成茶艺演示	误差1～3min，扣1分； 误差3～5min，扣2分； 超过规定时间5min，扣5分； 其他因素扣分		

项目二 工艺之美

导入语

茶树鲜叶是加工制作茶叶的原料，通过不同的加工工艺，茶树鲜叶发生了不同程度的生物化学反应，产生了不同的化学物质，在色、香、味、形等方面形成了不同的品质特征，以此划分出不同的茶类。

任务一 认识茶叶

一、实训要求

通过本任务的学习，要求学生：

·掌握茶叶的基本概念；
·了解茶树鲜叶的植物学特征；
·学会区分成品茶中的"茶"和"非茶之茶"。

二、实训基本知识

茶，指的是人们在日常生活中可以饮用的茶汤。茶汤由成品干茶被适量的水冲泡浸润而来，其中带有成品干茶遇水而释放出的色、香、味等要素，让人愉悦。成品干茶如图 2-1 所示。以采摘茶树的芽叶或嫩梢为原料，经过不同的加工工艺，形成了具有不同风格品质特征的六大基本茶类。冲泡中的茶、茶汤、茶树，分别如图 2-2、图 2-3 和图 2-4 所示。

图 2-1 干茶

图 2-2 冲泡中的茶

图 2-3 茶汤

图 2-4　茶树

生活中，有一些被称为茶的"茶"并不是以茶树的芽叶或嫩梢为原料的。这些"茶"使用其他植物的茎叶或花经加工和干燥，当茶泡饮，属于非茶制品，统称为"非茶之茶"。

作为植物，茶树鲜叶具有以下的植物学特征：叶周有锯齿；主脉明显；叶脉网状闭合；叶片背面有茸毛。这是区分茶树鲜叶和其他植物叶子的重要依据，也是区分"茶"和"非茶之茶"的重要依据。茶叶如图 2-5 所示。

图 2-5　茶叶

三、实训器材

直身玻璃杯 7 个、7 款不同的茶各适量、纯净水 1L、烧水壶 1 个、茶夹 1 个、计时器 1 个、白色小瓷盘若干。

四、实训环节

（一）发布实训任务

班级以小组为单位，使用直身玻璃杯冲泡 7 款名称中都带有"茶"字的干茶。待叶子舒展开后，分别夹取一片完整的叶子，观察叶子的形态。在此基础上，和茶树叶子的植物标本进行对比，总结茶树鲜叶的植物学特征。七款不同的茶如图2-6所示。

图2-6　七款不同的茶

（二）以小组为单位进行实验

全班分成4~6个小组，各组准备好实验器具，按以下步骤进行实验：

（1）各取适量七款茶，分别倒入直身玻璃杯；

（2）再往直身玻璃杯中倒入烧开的水至玻璃杯七分满，静置2分钟（用上计时器）。在这个过程中，注意观察"干茶"被热水浸润逐渐舒展开之后的样子；

3. 静置2分钟后，用茶夹从六个玻璃杯中夹出一片完整的叶子放在白色磁盘上，跟茶叶标本对比。

（三）组内讨论

展开组内讨论，随后各组进行观察结果的总结陈述

（四）教师点评并做总结

五、实训考核

每个小组派1名代表，陈述本组的观察结果，总结茶树鲜叶的植物学特征。

通过对比，各小组指出7款茶中哪些以茶树鲜叶为原料，哪些的原料不是茶树鲜叶。

任务二　认识茶叶的加工工艺

一、实训要求

通过本任务的学习，使学生：

· 了解茶叶加工工艺的生化原理；

· 熟悉中国六大基本茶类的加工工艺；

· 理解中国六大基本茶类关键工序在其形成各自品质特征过程中产生的影响。

二、实训基本知识

茶树鲜叶中含有多种化学成分，在人为加工的过程中，茶叶发生了一系列生化反应，在色、香、味等方面形成了不同的特征。我国的茶类按制作技术及发酵程度，可分为绿茶、红茶、青茶（乌龙茶）、白茶、黄茶和黑茶六大类。

（一）茶叶加工工艺的生化原理

茶树鲜叶中含有 700 多种化学成分，它们形成了茶叶特有的色、香、味，如表 2-1 所示。

表 2-1　茶叶中的化学成分

茶树鲜叶中的化学成分			
	水分（75%～78%）		
	干物质（22%～25%）	有机化合物	糖类（20%～25%）
			蛋白质（20%～30%）
			茶多酚（18%～36%）
			脂类（约 8%）
			氨基酸（1%～4%）（以茶氨酸为主）
			生物碱（3%～5%）（以咖啡碱为主）
			色素（约 1%）
			芳香物质（0.005%～0.030%）
			维生素（0.6%～1.0%）
		无机化合物	水溶性部分（2%～4%）
			水不溶性部分（1.5%～3.0%）

茶树鲜叶发生了不同程度的酶性或非酶性氧化或降解反应，产生了不同的化学物质，形成了不同风格的品质特征，如表 2-2 所示。

表 2-2　关键加工工艺表

茶类	关键加工工艺	关键工序
绿茶	鲜叶—摊放—杀青—揉捻—干燥	杀青
红茶	鲜叶—萎凋—揉捻/揉切—发酵—干燥	发酵
青茶（乌龙茶）	鲜叶—萎凋—做青—杀青—揉捻（包揉）—烘焙	做青
白茶	干燥	萎凋
黄茶	鲜叶—杀青—揉捻—闷黄—干燥	闷黄
黑茶	鲜叶—杀青—揉捻—渥堆—干燥	渥堆

（二）中国六大基本茶类的加工工艺

1. 绿茶

绿茶是中国的主要茶类之一，属于不发酵茶。绿茶的品质特征是清汤绿叶，俗称"三绿"——干茶绿、汤色绿、叶底绿。根据制作工艺上杀青和干燥方法的不同，绿茶可以分为炒青绿茶、烘青绿茶、烘炒结合型绿茶、晒青绿茶和蒸青绿茶，如表 2-3 所示。

表 2-3　绿茶各制作工序原理及作用

制作工序	发挥的作用、目的	基本原理
采摘	根据绿茶成品品质要求从茶树上采摘相应嫩度的嫩芽或芽叶	获得制作茶叶的原料
摊放	适当散失水分，便于杀青	通过摊放，采摘下来的茶树鲜叶会部分散失水分，叶片变软，青草气下降，便于杀青
杀青（关键工序）	让绿茶保持清汤绿叶的特点，形成绿茶品质特征的关键工序	利用高温钝化茶叶里多酚氧化酶的活性，从而制止多酚类物质的酶促氧化反应
揉捻	利于整形，适当破坏叶片组织，使日后成品茶的内含成分容易泡出且耐冲泡	通过手工或机器进行旋转揉搓，卷紧茶条、缩小体积
干燥	整理条索、塑造外形、发展香气、增进滋味	通过晒、炒或烘，让茶叶进一步散失水分，使含水量下降，便于日后贮藏

2. 红茶

红茶属于全发酵茶，是目前世界上消费量最大的一类茶，具有"红汤红叶、香甜味甜"的特点，如表 2-4 所示。

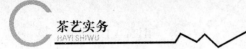

表 2-4　红茶各制作工序原理及作用

制作工序	发挥的作用、目的	基本原理
采摘	根据红茶成品品质要求，从茶树上采摘相应嫩度的嫩芽或芽叶	获得制作茶叶的原料
萎凋	便于后续造型，青草味逐渐消失，茶叶清香渐现	通过摊放，使茶树鲜叶部分散失水分，叶片变软，增加韧性
揉捻/揉切	使茶叶卷成条形，缩小体积，揉捻程度决定了红茶的外形	通过手工或机器进行旋转揉搓，充分破坏叶细胞，使茶叶内多酚氧化酶与多酚类化合物接触，促进发酵作用。同时卷紧茶条、缩小体积
发酵（关键工序）	使茶叶以绿叶变红为主要特征的化学变化过程，让成品红茶表达出不同的香气，如桂花香、果香等	无色多酚类物质在多酚氧化酶的作用下氧化形成了茶色素、茶黄素等聚合物，其他化学成分相应发生变化
干燥	停止发酵，缩小体积，固定外形，获得红茶特有的甜香	利用高温烘焙，迅速蒸发水分，钝化酶的活性，散发青草气味

3. 黄茶

黄茶是我国特有的茶类，属于轻微发酵茶。黄茶最大的特点是"黄汤黄叶"，这得益于其独特的"闷黄"制作工艺，如表 2-5 所示。

表 2-5　黄茶各制作工序原理及作用

制作工序	发挥的作用、目的	基本原理
采摘	采摘的时候会根据黄茶成品品质要求从茶树上采摘相应嫩度的嫩芽或芽叶	获得制作茶叶的原料
杀青	有别于绿茶的杀青，为茶叶黄变创造适当的湿热条件，帮助茶叶形成"黄汤黄叶"的品质特点	实行"少抛多闷"原则，使茶叶较长时间处在湿热的条件下而产生叶色略黄的现象
揉捻	揉捻成条，形成更好的茶叶品质，利于加速闷黄过程	在湿热条件下，揉捻后叶温较高
闷黄（关键工序）	滋味上减少苦涩味，增加了甜醇味；香气上消除了粗青气，产生了甜香味	在湿热作用下，多酚类化合物发生非酶性自动氧化，茶叶中的内含成分产生氧化、水解的作用
干燥	整理条索，塑造外形，固定品质	用较高温度烘炒，让茶叶进一步散失水分，使含水量下降

4. 白茶

白茶是我国的特色茶类，属于微发酵茶。因其成品茶多为芽头，满披白毫，如银似雪而得名，如表 2-6 所示。

表 2-6 白茶各制作工序原理及作用

制作工序	发挥的作用、目的	基本原理
采摘	根据白茶成品的品质要求，从茶树上采摘相应嫩度的嫩芽或芽叶	获得制作茶叶的原料
萎凋（关键工序）	自然萎凋，轻微发酵，不炒不揉，形成白茶"银叶白汤"的特有品质	鲜叶在失水过程中酶活性增强，过氧化物酶催化过氧化物与多酚类化合物氧化，产生淡黄色物质。其他内含物相互作用进一步促进了白茶香气的形成
干燥	散失水分，提高香气和滋味	在高温作用下，带青草气的低沸点的醛醇类芳香物质挥发和发生异构化，形成带有清香的芳香物质

5. 青茶（乌龙茶）

青茶，亦称乌龙茶，属于半发酵茶，是具有鲜明中国特色的茶叶品类，如表 2-7 所示。

表 2-7 青茶（乌龙）各制作工序原理及作用

制作工序	发挥的作用、目的	基本原理
采摘	根据乌龙茶成品品质要求，从茶树上采摘相应嫩度的芽叶	获得制作茶叶的原料
萎凋	适当散失水分，便于揉捻成型。散发部分青草气，利于香气散发	水分散失，提高茶叶韧性。凋萎失水的过程中，酶活性增强，氨基酸及芳香醇、醛、酚类物质逐渐增加
做青（关键工序）	发展乌龙茶的香气和滋味，在外观上形成乌龙茶"绿叶红镶边"的特质	在人为有规律的动与静的过程，叶缘细胞被破坏，茶叶内发生一系列以多酚类化合物酶性氧化为主导的化学变化，以及其他物质的转化与积累
杀青	固定做青形成的品质，形成优雅清醇的茶香。使叶片柔软，便于揉捻	通过手工或机器进行旋转揉搓，卷紧茶条、缩小体积
揉捻	叶片体积缩小，初步成型，提高茶滋味浓度	根据不同的外形要求，通过包揉或轻柔，使叶片卷转成条。同时部分茶汁挤溢附着在叶表面
烘焙	固定外形，提高香气，促进滋味醇厚等内质的形成	抑制酶促氧化，通过热化作用消除苦涩味

6. 黑茶

黑茶因成品茶的外观呈黑色而得名，属于后发酵茶，是我国特有的茶类，如表 2-8 所示。

表2-8 黑茶各制作工序原理及作用

制作工序	发挥的作用、目的	基本原理
采摘	采摘的时候会根据黑茶成品品质要求，从茶树上采摘相应嫩度的嫩芽或芽叶	获得制作茶叶的原料
杀青	为下一步渥堆发酵转变叶色提供条件	通过低温杀青，部分保留残余酶的活性
揉捻	整形，既让条索紧结，又要耐泡	对叶片适度重压，让叶细胞适度破损
渥堆（关键工序）	茶叶由绿色变成黑褐色，汤色变深，滋味更浓醇，甚至产生陈香	以微生物活动为中心，茶内含化学成分分解产生的热及微生物自身代谢的协调作用，使茶叶内含物质发生极为复杂的变化
干燥	让茶叶进一步散失水分，巩固已经形成的品质特征，进一步发展黑茶特有的品质风格	通过晒、烘或机械等方式让茶叶的水分进一步散失

三、实训器材

根据六大茶类的关键制作工序，设置了三个模拟实验。

实验一：绿茶杀青小实验。

实验器材：鲜叶若干（如图2-7所示）、电炒茶锅1个（如图2-8所示）、竹制簸箕1个（如图2-9所示）、隔热手套1副（如图2-10所示）。

图2-7 鲜叶（1）

图2-8 电炒茶锅

图 2-9　竹制簸箕（1）

图 2-10　隔热手套

实验二：红茶发酵小实验。

实验器材：鲜叶若干（如图 2-11 所示）、竹制簸箕 2 个（如图 2-12 所示）、木制萎凋盒 2 个（如图 2-13 所示）、棉纱布 2 块（如图 2-14 所示）

图 2-11　鲜叶（2）

图 2-12　竹制簸箕（2）

图 2-13　木制萎凋盒

图 2-14　棉纱布

实验三：白茶萎凋小实验。

实验器材：鲜叶若干、竹制簸箕 2 个。

四、实训环节

（一）发布实训任务

班级以小组为单位，各组在三个模拟实验中随机抽取一个进行实验。

（二）以小组为单位进行实验

全班分成4~6个小组，各组根据抽到的实验要求准备好实验器具，按以下步骤进行实验，如表2-9所示。

表 2-9　实验步骤表

实验名称	实验步骤
实验一：绿茶杀青小实验	①取适量提前摊晾好的茶树鲜叶，倒入可调温小电炉中，炉温220度（可以根据鲜叶情况进行温度高低的调整）； ②戴上隔热手套，尝试用翻、抖、压、扬等方式对小电炉中的茶树鲜叶进行炒制； ③把炒制好的茶叶放进小竹篮中
实验二：红茶发酵小实验	①取适量提前摊晾好的茶树鲜叶，放在竹制簸箕上，双手（提前洗干净手）聚拢叶子，采用逆时针旋转的方式揉捻叶团，以不揉碎叶子又能让叶汁逐渐渗出为施力参考； ②把处理好的叶子放进木制萎凋槽中，盖上棉纱布，放在室内避光通风处静置； ③静置的过程中，每隔30min打开棉纱布观察萎凋槽中茶叶的色泽和香气的变化，可以根据天气和茶叶的湿度情况适当喷水
实验三：白茶萎凋小实验	①取适量茶树鲜叶，以适当的厚度（1~2mm为宜）摊放在竹制簸箕上，放在室内通风处； ②每隔半小时观察茶叶在色泽、形态和气味上的变化

（三）观察

各组对实验中三种茶类不同的关键工序引起的鲜叶变化过程进行观察。

（四）点评

教师点评并做总结。

五、实训考核

各小组派1名代表，陈述本组的观察结果，结合实验过程中鲜叶的变化，总结本组在关键工序实验中的操作情况。

项目三　品鉴之美

导入语

茶叶品鉴是鉴别茶叶品质的科学方法，即利用感官评价茶叶的外形、汤色、香气、滋味、叶底五个因子。茶叶品鉴能全面、客观地反映茶叶的品质水平，广泛应用于茶行业各个领域。

任务一　茶叶感官审评

一、实训要求

通过本任务的学习，要求学生：
·掌握茶叶感官审评五因子；
·掌握感官审评主要流程和方法；
·学会分辨茶叶品质。

二、实训基本知识

（一）评茶原理

在茶叶审评中，主要利用人的视觉、嗅觉、味觉、触觉，对茶叶的外形、汤色、香气、滋味、叶底五个因子进行综合审评。视觉运用于辨别茶的外形、汤色、叶底；嗅觉与味觉感官配合，运用于辨别茶的香气；味觉运用于辨别茶的滋味；触觉运用于辨别茶的光洁度、软硬、冷热、干湿等。

（二）评茶条件

评茶人员应具备评茶员道德素质、业务水平和健康体魄。一般而言，评茶人员应身体健康，无传染病，视觉、嗅觉、味觉、触觉功能正常，无色盲、嗅盲、味盲等遗传疾病。评茶人员日常应保持良好的饮食习惯，品茶前不吃油腻、辛辣的食物，不使用带芳香气味的化妆品，不喷香水。评茶人员应坚持长期的科学训练，以保持感官灵敏度。

评茶环境参照国家标准《茶叶感官审评室基本条件》，在光线、朝向、面积等方面符合要求。

（三）评茶程序

根据国家标准《茶叶感官审评方法》，评茶程序为：取样—把盘—扦样—称样—冲泡—沥茶汤—评汤色—嗅香气—尝滋味—评叶底—审评结果与判定。

1. 取样

取样又称抽样。初制茶取样方法：匀堆取样法，就件取样法，随机取样法。精制茶取样方法参照国家标准《茶·取样》执行。

2. 把盘

将茶样放入评茶盘中，双手持样盘的边沿，运用手势作前后左右的回旋转动，使样匾里的茶叶均匀地按轻重、大小、长短、粗细等不同有次序地分布，使毛茶分出上、中、下三个层次。

3. 扦样

扦样就是扦取能充分代表该批茶品质，审评时所需的大概重量的茶样。扦样时用三个手指，即拇指、食指、中指，由上到下抓起。

4. 称样

称取审评茶样 3.0g 或 5.0 g。

5. 温杯

正式审评前要进行温杯，清洁器具的目的是清除残留在器具内的气味，避免残留的气味影响该茶的品质，同时提高器具温度。

6. 冲泡

冲泡用水为 100℃的沸水，一次性注入审评器皿中。

（1）红茶、绿茶、黄茶、白茶、乌龙茶采用柱形杯审评法。称取有代表性茶样 3.0g 或 5.0 g，茶水比（质量体积比）为 1∶50，置于相应的评审杯中、注满沸水、加盖、计时，选择冲泡时间，依次等速挑出茶汤，留叶底于杯中，按汤色、香气、滋味、叶底的顺序逐项审评，如表 3-1 所示。

表 3-1　各类茶冲泡时间

茶类	冲泡时间/min
绿茶	4
红茶	5
乌龙茶（条型、卷曲型）	5
乌龙茶（圆结型、拳曲型、颗粒型）	6

表3-1(续)

茶类	冲泡时间/min
白茶	5
黄茶	5

（2）乌龙茶采用盖碗审评法。沸水烫热评茶杯碗，称取有代表性茶样5.0g，置于110mL倒钟形评茶杯中，快速注满沸水，用杯盖刮去液面泡沫，加盖。1min后，揭盖嗅其盖香，评茶叶香气，至2min沥茶汤入评茶碗中，评汤色和滋味。接着第二次冲泡，加盖，1～2min后，揭盖嗅其盖香，评茶叶香气，至3min沥茶汤入评茶碗中，再评汤色和滋味。第三次冲泡，加盖，2～3min后，评香气，至5min沥茶汤入评茶碗中，评汤色和滋味。最后闻嗅叶底香，并倒入叶底盘中，审评叶底。结果以第二次冲泡为主要依据，综合第一、第三次，统筹评判。

7. 沥茶汤

采用单手或双手操作，按住杯盖的凸高点，将审评杯卧搁在审评碗上，不洒溢。

8. 评汤色

按一定方向用茶匙轻轻搅动审评碗中的茶汤，待茶汤静止后，观看、审评茶汤，包括颜色种类与色度、明暗度和清浊度等方面。

9. 嗅香气

嗅香气就是辨别该茶样的香气类型、浓度、纯度、持久性。

一手持杯，一手持盖，靠近鼻孔，半开杯盖，嗅评杯中香气，每次持续2～3 s，随即合上杯盖。可反复1～2次。判断香气的质量。热嗅（杯温约75 ℃）、温嗅（杯温约45 ℃）、冷嗅（杯温接近室温）结合进行。

10. 尝滋味

尝滋味就是审评该茶样茶汤的浓淡、厚薄、醇涩、纯异和鲜钝等。审评滋味适宜的茶汤温度为50°C。

（1）用茶匙取适量（5mL）茶汤于口内，通过吸吮使茶汤在口腔内循环打转，让茶汤充分接触到舌头各部位，吐出茶汤或咽下。

（2）舌头的姿势要正确，把茶汤吸入嘴内，舌尖顶住上层齿根，嘴唇微微张开，舌稍上抬，使茶汤在舌上微微流动，连吸二次气之后，辨滋味，舌的姿势不变，从鼻孔呼气，感觉水中香气，吐出或吞下茶汤。

11. 评叶底

精制茶采用黑色叶底盘，毛茶与乌龙茶等采用白色搪瓷叶底盘，操作时应将杯中的茶叶全部倒入叶底盘中，其中白色搪瓷叶底盘中要加入适量清水，让叶底飘浮起来。用目测、手感等方法审评叶底。

12. 审评结果与判定

（1）级别判定。

对照一组标准样品，比较未知茶样品与标准样品之间某一级别在外形和内质的相符程度（或差距）。从外形和内质两方面分别判定未知样品等于或约等于标准样品中的哪一级别。

以成交样或标准样相应等级的色、香、味、形的品质要求为水平依据，按规定的审评因子，即形状、整碎、净度、色泽、香气、滋味、汤色和叶底和审评方法，将生产样对照标准样或成交样逐项对比审评，判断结果按"七档制"方法进行评分，如表3-2、表3-3所示。

表3-2　各类成品茶品质审评因子

茶类	外形				内质			
	形状（A）	整碎（B）	净度（C）	色泽（D）	香气（E）	滋味（F）	汤色（G）	叶底（H）
绿茶	√	√	√	√	√	√	√	√
红茶	√	√	√	√	√	√		√
乌龙茶	√							
白茶	√		√	√				
黑茶（散茶）	√			√				
黄茶	√							
花茶	√			√				
袋泡茶	√	×	√	×				
紧压茶	√	×	√	√	√			√
粉茶	√	×	√	√	√	√	√	×

注："×"为非审评因子。

表3-3　七档制审评方法

七档制	评分	说明
高	+3	差异大，明显好于标准样
较高	+2	差异较大，好于标准样
稍高	+1	仔细辨别才能区分，稍好于标准样
相当	0	标准样或成交样的水平
稍低	−1	仔细辨别才能区分，稍差于标准样

表3-3(续)

七档制	评分	说明
较低	-2	差异较大，差于标准样
低	-3	差异大，明显差于标准样

（2）合格判定。

以成交样或标准样相应等级的色、香、味、形的品质要求为水平依据，按规定的审评因子和审评方法，将生产样对照标准样或成交样逐项比对审评。

（3）品质评定评分方法。

茶叶品质顺序的排列样品应在两只（含两只）以上，评分前工作人员对茶样进行分类、密码编号，审评人员在不了解茶样的来源、密码条件下进行盲评，根据评审知识与品质标准，按外形、汤色、香气、滋味和叶底"五因子"，采用百分制，在公平、公正条件下给每个茶样每项因子进行评分，并加注评语。

将单项因子的得分与该因子的评分系数相乘，并将各个乘积值相加，即得到该茶样审评的总得分，如表3-4所示。

表3-4　各茶类审评因子评分系数

茶类	外形（a）	汤色（b）	香气（c）	滋味（d）	叶底（e）
绿茶	25	10	25	30	10
功夫红茶（小种红茶）	25	10	25	30	10
（红）碎茶	20	10	30	30	10
乌龙茶	20	5	30	35	10
黑茶（散茶）	20	15	25	30	10
紧压茶	20	10	30	35	5
白茶	25	10	25	30	10
黄茶	25	10	25	30	10
花茶	20	5	35	30	10
袋泡茶	10	20	30	30	10
粉茶	10	20	35	35	0

（4）结果评定。

根据计算结果审评的名次按分数从高到低的次序排列。如遇分数相同者，则按"滋味→外形→香气→汤色→叶底"的次序比较单一因子得分的高低，高者居前。

三、实训器材

实训器材如表3-5所示。

表3-5　实训器材

物品名称	数量/件
审评杯	1
审评碗	1
评茶盘	1
分样盘	1
叶底盘	1
扦样匾（盘）	1
分样器	1
称量用具	1
计时器	1
茶匙	3
烧水壶	1
茶巾	1
茶样	3

四、实训环节

（一）发布实训任务

本实训为红茶感官审评，选用茶样为正山小种、祁门红茶、云南滇红。根据实训器材表的要求准备好实训器具，按照审评流程分组开展实训，如表3-6所示。

表3-6　红茶感官审评茶样

茶叶名称	小种红茶（正山小种）	功夫红茶（祁门红茶）	功夫红茶（云南滇红）
产地	福建武夷山星村镇桐木关一带	安徽省黄山市祁门山区	云南凤庆等地

（二）分组开展实训

根据国家标准《茶叶感官审评方法》进行审评操作：取样—把盘—扦样—称样—温杯—冲泡—沥茶汤—评汤色—嗅香气—尝滋味—评叶底—审评结果与判定。

（1）烧水，依次取样、把盘、扦样3.0g。

（2）温杯后冲泡沸水，计时 5min。

（3）沥茶汤，注意不洒溢。

（4）依次评汤色、香气、滋味、叶底，记录审评术语。

（5）依据七档计分法计算审评结果，并将审评术语及分数填入下表，如表 3-7 所示。

（6）教师点评术语及茶样特点，如表 3-8 所示。

表 3-7 红茶感官审评评分表

茶类	外形（a）	汤色（b）	香气（c）	滋味（d）	叶底（e）
权重比	25	10	25	30	10
茶样 1					
茶样 2					
茶样 3					

表 3-8 红茶感官审评术语

类别		小种红茶（正山小种）	功夫红茶（祁门红茶）	功夫红茶（云南滇红）
产地		福建武夷山星村镇桐木关一带	安徽省黄山市祁门山区	云南凤庆等地
形	干茶	外形条索紧结，色泽乌褐、油润	条索紧细，色泽乌黑油润，泛"宝光"	条索肥壮紧结，色泽红褐，金毫明显
色	茶汤	橙红明亮	红明亮，金圈明显	红艳明亮
	叶底	红褐	红褐软亮	红褐明亮
香	干茶	松烟香	玫瑰香	薯香
	茶汤	松烟香	蜜香带玫瑰香	甜香带薯香
味	茶汤	甘醇带桂圆甜	鲜甜醇爽	醇厚甘甜

五、实训考核

评分标准参照评茶员中级技能考核表制定，如表 3-9、表 3-10、表 3-11 所示。

表 3-9 总成绩表

序号	试题名称	配分（权重）	得分	备注
1	品质比较	50		
2	操作基本流程	50		
合计		100		

表 3-10　品质比较

序号	考核内容	考核要点	配分	评分标准	扣分	得分
1	茶类	写出未知茶样的茶类	4	完全正确得 4 分；否则不得分		
2	品名	写出未知茶样的品名	6	正确得 6 分；不正确不得分		
3	品质排序	将茶样按品质高低从高到低进行排序	20	正确 1 个得 10 分；正确 2 个及以上得 20 分		
4	外形评语	评语描述	4	完全正确得 4 分；比较正确得 2~3 分；错误较多，斟酌扣分或不得分		
5	汤色评语	评语描述	4	完全正确得 4 分；比较正确得 2~3 分；错误较多，斟酌扣分或不得分		
6	香气评语	评语描述	4	完全正确得 4 分；比较正确得 2~3 分；错误较多，斟酌扣分或不得分		
7	滋味评语	评语描述	4	完全正确得 4 分；比较正确得 2~3 分；错误较多，斟酌扣分或不得分		
8	叶底评语	评语描述	4	完全正确得 4 分；比较正确得 2~3 分；错误较多，斟酌扣分或不得分		
合计			50			

表 3-11　操作基本流程

序号	考核内容	考核要点	配分	评分标准	扣分	得分
1	开茶罐	双手用拇指与食指将盖子打开	3	完全正确得 3 分；否则不得分		
2	摇盘	把盘准确，将茶叶在盘中进行回旋动力，持续时间约 30s，后将茶叶收在茶样盘中间，呈圆馒头形	8	握盘正确得 2 分；茶叶能回旋动力得 3 分；茶叶收成圆馒头形得 3 分		
3	取样	取样手势正确、一次取样量达 90% 以上	8	天平校对得 2 分；手势正确得 2 分；一次取样量达 90% 以上得 2 分		

表3-11(续)

序号	考核内容	考核要点	配分	评分标准	扣分	得分
4	冲水计时	冲水动作准确,水不溢出杯外	5	动作正确得5分;水溢出杯外扣1分		
5	沥汤	倒水动作准确,水不溢出碗外	3	动作正确得3分;不正确不得分		
6	评香气	热嗅、温嗅、冷嗅	8	每次动作正确得2分;不正确扣2分		
7	评汤色	正确搅动茶汤	3	正确搅动茶汤得3分;不正确扣3分		
8	评滋味	取茶汤量合适,动作准确	3	动作正确得3分;不正确不得分		
9	评叶底	动作与方法准确,两个叶底一致	5	动作准确得3分;叶底一致得2分		
10	善后	用具清理干净并恢复原位	4	清理干净2分;恢复原位2分		
合计			50			

项目四　鉴赏之美

导入语

《茶疏》中提道："茶滋于水，水藉于器，汤成于火，四者相洹，缺一则废。"这说明了茶器与茶性之间有直接的联系。茶具随着饮茶方法的演变而不断调整外形、色彩和材质，以便展现茶的色、香、味、形。精美的茶具是艺术品，既可品茗，又能使人从中得到美的享受，增添无限情趣。

任务一　认识茶器

一、实训要求

通过本任务的学习，要求学生：
·掌握茶具名称、用途；
·掌握茶与器的常规搭配组合。

二、实训基本知识

（一）茶器的名称及用途

1. 主泡器

（1）茶壶。

茶壶是主要冲泡器皿之一，种类繁多，包括紫砂壶、瓷壶、玻璃壶等。

紫砂壶：比较适合沏泡乌龙茶或普洱茶，如图4-1所示。

图 4-1　紫砂壶

瓷壶：比较适合沏泡红茶、中档绿茶或花茶，如图 4-2 所示。

图 4-2　瓷壶

玻璃壶：因为是透明的，非常适合欣赏茶汤颜色和茶叶泡开时上下飞舞的景象，比较适合沏泡花茶、红茶或高档绿茶，如图 4-3 所示。

图 4-3　玻璃壶

（2）茶船。

茶船主要用于盛放泡茶所用器具，存放废弃的水或茶汤，常用于湿泡法，如图4-4所示。

图4-4　茶船

（3）闻香杯、品茗杯。

想品出一杯好茶，茶杯尤其重要，常见的茶杯有闻香杯和品茗杯，如图4-5、图4-6所示。

图4-5　闻香杯

图4-6　品茗杯

（4）杯垫。

杯垫主要用于盛放杯子，种类及形态多样，如图4-7所示。

图4-7　杯垫

（5）茶海。

茶海主要用于盛放泡好的茶汤，起到中和、均匀茶汤的作用。茶海的质地有紫砂、陶、瓷、玻璃等，如图4-8所示。

图4-8 茶海

（6）茶滤。

茶滤一般放在茶海上与茶海配套使用，主要的目的是过滤茶渣，如图4-9所示。

图4-9 茶滤

（7）盖碗。

盖碗又称盖杯或三才杯，分为盖、杯身、杯托三个部分，既可闻香、观色又可品茗。盖碗可用来当作泡茶的器皿，也可作为个人品茗的茶具，如图4-10所示。

图4-10 盖碗

（8）水盂。

水盂用于盛放用过的水及茶渣，常用于干泡法，如图4-11所示。

图 4-11　水盂

（9）壶承。

壶承主要是用来承放茶壶的容器，可用来承接温壶泡茶的废水，避免水弄湿桌面。壶承可与水盂搭配使用，如图4-12所示。

图 4-12　壶承

2. 辅助用具

（1）茶道组。

茶道组又称"六君子"，包括茶则、茶匙、茶夹、茶漏、茶针、茶筒，如图4-13所示。

茶则：用于量取茶叶。

茶匙：协助茶则将茶叶拨至泡茶器中。

茶夹：用于夹杯、洗杯。

茶漏：拓宽壶口，方便置茶。

茶针：用于疏通壶嘴。

茶筒：用于承装器具。

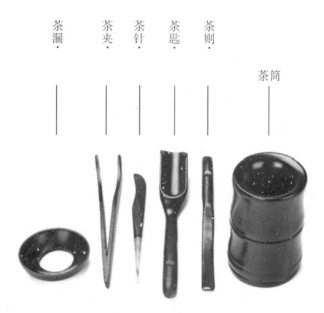

茶漏・　茶夹・　茶针・　茶匙・　茶则・

茶筒

图 4-13　茶道组

（2）赏茶荷。

赏茶荷用于盛放和欣赏干茶，如图 4-14 所示。

图 4-14　赏茶荷

（3）茶巾。

茶巾在泡茶过程中用来擦拭茶器或者茶桌上的水渍、茶渍，保持桌面干净整洁。茶巾一般为棉、麻质地。可选择吸水性好、颜色雅致、与茶具相搭配的茶巾，如图 4-15 所示。

图4-15　茶巾

（4）茶仓。

茶仓又称茶叶罐，用来盛装、储存茶叶。常见的茶仓材质有瓷、紫砂、陶、铁、锡、纸罐等，如图4-16所示。

图4-16　茶仓

（5）茶刀。

茶刀用来撬取、紧压茶叶，常见有牛角，不锈钢，骨质等材质。

（6）茶宠。

茶宠用来装饰、美化茶桌，可在泡茶过程中增加情趣。茶宠一般为紫砂、瓷质地，造型各异，有瓜、果、梨、桃、小动物以及各种人物造型，生动可爱，给泡茶、品茶带来无限乐趣，如图4-17所示。

图 4-17　茶宠

3. 备水器

（1）随手泡。

随手泡是煮水用具，用来加热开水，如图 4-18 所示。

图 4-18　随手泡

（2）贮水桶。

贮水桶用一根塑料软管接在没有茶盘的茶船上，用来贮存泡茶过程中的废水，如图 4-19所示。

图 4-19　贮水桶

（二）茶具的种类

1. 陶土茶具

　　陶土器具是新石器时代的重要发明，最初是粗糙的土陶，然后逐步演变为坚实的硬陶，再发展为表面敷釉的釉陶，这表明人们对于制陶技术的掌握也由低级发展到高级。泥土成坯烧制成品，统称为陶器。人类最早使用的器具就是陶器，陶器有许多种，如安徽的阜阳陶、广东的石湾陶、山东的博山陶等。在茶具方面最负盛名的陶土茶具是江苏宜兴景德镇的紫砂陶。它非常适合茶性，色泽也丰富，是世界公认质地最好的茶具原料。宜兴古代制陶业颇为发达，在商周时期，就出现几何印纹硬陶，秦汉时期已有了釉陶的烧制，如图 4-20 所示。

图 4-20　陶土茶具

2. 瓷器茶具

我国茶具最早以陶器为主。瓷器发明之后，陶质茶具逐渐被瓷质茶具所替代。瓷器茶具又可分为白瓷茶具、青瓷茶具和黑瓷茶具等。

（1）白瓷茶具。

唐代饮茶之风盛行，促进了茶具生产的相应发展，全国许多地方的瓷业都很兴旺，形成了一批以生产茶具为主的著名窑场。

白瓷，早在唐代就有"假玉石"之称。有瓷都之称的景德镇在北宋时生产的瓷器，质薄光润，白里泛青，雅致悦目，并有影青刻花、印花和褐色点彩装饰。到了元代，景德镇因烧制青花瓷而闻名于世，还远销国外。在日本，青花瓷名为"珠光青瓷"。明朝时，人们在青花瓷的基础上，又创造了各种彩瓷，产品造型精巧，胎质细腻，色彩鲜艳，画意生动，被视同拱璧，十分名贵，畅销海外，国际上誉我国为"瓷器之国"。清代各地制瓷名手云集景德镇，我国制瓷技术又有不少创新。到雍正时，珐琅彩瓷茶具胎质洁白，通体透明，薄如蛋壳，已达到了纯乎见釉、不见胎骨的完美程度，当时珐琅彩瓷茶具只供宫中享用，民间绝少流传。这种瓷器对着光可以从背面看到胎面上的彩绘花纹图，制作之巧，令人惊叹。

景德镇瓷器向来重视瓷釉色彩。我国瓷器用色釉装饰，大约起源于商代陶器。东汉时期出现了青釉瓷器；唐代创造了黄、紫、绿三彩，称为唐三彩；宋代有影青、粉青、定红、紫钧、黑釉等；宋、元时期，景德镇瓷窑已有 300 多座，颜色釉瓷色占很大比例；到了明、清时期，景德镇的颜色取众家之长，承前启后，造诣极高，创造了钧红、祭红和郎窑红等名贵色釉。如今景德镇已恢复和创制七十多种颜色釉，如钧红、郎窑红、豆青、文青等已赶上或超过历史最高水平，还新增了火焰红、大铜绿、丁香紫等多种颜色釉。这些釉不仅用于装饰工艺陈设瓷，也用以装饰茶具等日用瓷，使瓷器在"白如玉、薄如纸、明如镜、声如磬"的特点更加发扬光大。白瓷以江西景德镇所产最为著名，另外，湖南醴陵、河北唐山、安徽祁门的白瓷茶具也各具特点，如图 4-21 所示。

图 4-21　白瓷茶具

（2）青瓷茶具。

青瓷茶具自晋代开始发展，当时青瓷的主要产地在浙江。南北朝以后，许多青瓷茶具都有莲花纹饰；唐代的茶壶称"茶注"，壶嘴称"流子"，形式短小；宋代饮茶盛行茶盏，使用盏托也更为普遍。由于宋代瓷窑的竞争，技术的提高，使得茶具种类增加，出产的茶盏、茶壶、茶杯等品种繁多、式样各异、色彩雅丽，风格大不相同。浙江西南部龙泉县生产的龙泉青瓷以造型古朴挺健，釉色翠青如玉著称于世，是茶器中的一颗璀璨明珠。南宋时，龙泉已成为全国最大的窑业中心，其优良产品不但成为当代珍品，也是当时对外交换的主要物品，特别是造瓷艺人章生一、章生二兄弟俩的"哥窑""弟窑"，继越窑有发展，对官窑有创新，因而产量、质量突飞猛进，无论釉色或造型都达到了极高造诣。因此，哥窑被列为五大名窑（官窑、哥容、汝窑、定窑、钧窑）之一，弟窑亦被誉为名窑。哥窑瓷，胎薄质坚，釉层饱满，色泽静穆，有粉青、翠青、灰青、蟹壳青等颜色，以粉青最为名贵。弟窑瓷，造型优美，胎骨厚实，釉色青翠，光润纯洁，有梅子青、粉青、豆青、蟹壳青等颜色，以梅子青、粉青最佳，如图4-22所示。

图4-22 青瓷茶具

（3）黑瓷茶具。

宋代福建斗茶之风盛行，斗茶者们根据《茶经》认为建宝窑所产的黑瓷茶盏用来评茶最为适宜，因而驰名。这种黑瓷兔毫茶盏（图4-23），风格独特，古朴雅致，而且瓷质厚重，保温性能较好，故为斗茶行家所珍爱。浙江余姚、德清一带也曾出现过漆黑光亮、美观实用的黑釉瓷茶具，最流行的是一种鸡头壶，即茶壶的嘴是鸡头状。

图 4-23　黑瓷茶盏

3. 其他茶具

除了陶器类、瓷器类常用茶具外，还有玻璃等材质的茶具。

（1）玻璃茶具。

在现代，玻璃器具有很大的发展。玻璃质地透明，光泽夺目，外形可塑性大，形态各异，用途广泛。玻璃杯泡茶，茶汤色泽鲜艳，茶叶细嫩柔软。看茶叶在整个冲泡过程中的上下舞动，叶片逐渐舒展，可以说是一种动态的艺术享受，特别是冲泡各类名茶，茶具晶莹剔透，杯中轻雾缥缈，澄清碧绿，芽叶朵朵，亭亭玉立，令人观之赏心悦目，别有一番情趣。玻璃茶具的缺点是容易破碎，传热快、易烫手。

（2）漆器茶具。

漆器茶具始于清代，主要产于福建福州一带。福州生产的漆器茶具多姿多彩，有"金丝玛瑙""宝砂闪光""釉变金丝""仿古瓷""雕填"等品种，特别是"赤金砂"和"暗花"等新工艺出现以后，漆器茶具更加夺目，如图 4-24所示。

图 4-24　漆器茶具

（3）金属茶具。

我国除有前文所述茶具以外，历史上还有用金、银、铜、锡等金属制作的茶具。锡作为贮茶器具材料有较大的优越性。锡罐多制成小口长颈，盖为筒状，密封性较好，因此对防潮、防氧化、防光、防异味都有比较好的效果。金属作为泡茶用具，一般评价不高，到了现代，金属茶具已基本没有什么实用价值了，但外观比较美观，有一定的观赏性，如图4-25所示。

图4-25　金属茶壶

（4）竹木茶具。

竹木茶具因物美价廉，曾广受欢迎。但随着技术的进步，竹木茶具逐渐为其他材质的茶具所替代。历史上还有玉石、水晶、玛瑙等材料制作的茶具，因为这些器具制作困难，价格高昂，并无多大实用价值，主要作为摆设、装饰。

4. 中国茶和茶器的搭配

选择茶具，除了注重器具的质地之外，还应注意外观和颜色。只有将茶器的功能、质地、色泽三者统一协调，才能选配出完美的茶器。陶瓷器的色泽与胎或釉中所含矿物质成分密切相关，而相同的矿物质成分因其含量不同，也可变化出不同的色泽。陶器通常用含氧化铁的黏土烧制，只是烧成温度、氧化程度不同，色泽多为黄、红棕、棕、灰等颜色。而瓷器的花色历来品种丰富，变化多端。茶器的色泽主要指制作材料的颜色和装饰图案花纹的颜色，通常可分为冷色调与暖色调两类，冷色调包括蓝、绿、青、白、黄、黑等，暖色调包括黄、橙、红、棕等。茶器色泽的选择主要是外观颜色的选择搭配，其原则是要与茶叶相配。饮具内壁以白色为好，能真实反映茶汤色泽与明亮度。同时，应注意一套茶器中壶、盅、杯等的色彩搭配，再辅以船、托、盖，做到浑然一体。如以主茶器色泽为基准，配以辅助用品，则更是天衣无缝。

各种茶类适宜选配的茶器色泽大致如下：

名优绿茶：透色玻璃杯，应无色、无花、无盖，或用白瓷、青瓷、青花瓷无盖杯。

花茶：青瓷、青花瓷等盖碗、盖杯、壶等茶具。

黄茶：奶白或黄釉瓷及黄橙色壶杯具、盖碗、盖杯。

红茶：内挂白釉紫砂、白瓷、红釉瓷、暖色瓷的壶杯具、盖杯、盖碗。

白茶：白瓷或黄泥灯器壶杯及内壁有色黑瓷。

乌龙茶：紫砂壶杯具，或白瓷壶杯具、盖碗、盖杯等。

三、实训器材

实训器材清单如表 4-1 所示。

表 4-1　实训器材清单

物品名称	数量/件
茶壶（紫砂壶、瓷壶、玻璃壶）	1
茶船	1
闻香杯	1
品茗杯	1
茶垫（杯托）	1
茶海	1
茶滤	1
盖碗	1
水方	1
壶承	1
茶则	1
茶道六组	1
赏茶荷	1
茶巾	1
茶叶罐	1
茶刀	1
茶趣	1

四、实训环节

（1）确定分组，明确任务。全班分成4~6个小组。

（2）教师指定茶具，每组根据对应的茶具填写茶具名称及用途表格。

（3）各组同学通过抽签选择红茶、绿茶或乌龙茶，根据选中的茶品完成茶具搭配。

五、实训考核

实训考核评分表，如表4-2所示。

表4-2　实训考核评分表

班级：　　　　　姓名：　　　　　测试时间：　　　　　总分：

1. 根据对应的茶具填写茶具名称及用途表格					
序号	茶具	名称（每空3分）	用途（每空5分）	扣分	得分
1					
2					
3					
4					
5					
6					
2. 各组同学通过抽签确定考核茶品，然后完成对应的茶具搭配					
序号	茶品	搭配茶具（20分）		扣分	得分
1	绿茶				
2	红茶				
3	乌龙茶				

项目五　健康之美

导入语

茶已是人们生活中的必需品。了解茶的主要成分、保健功效，更有利于根据每个人的情况选择合适的茶品。健康饮茶，才能实现有效喝茶。

任务一　茶的保健功效

一、实训要求

通过本任务的学习，要求学生：

· 认识茶的主要成分；

· 了解其功能性成分和功效；

· 掌握茶的保健功效；

· 了解茶的饮用禁忌。

二、实训基本知识

（一）茶的营养价值

茶叶富含化合物，数量达到 500 多种。其中，大部分为人体所需的营养物质，对人体有较高营养价值。这些营养物质包括：蛋白质、氨基酸、维生素类、类脂类、糖类及矿物质元素等。而另一部分化合物的药用价值较为突出，含有对人体有保健和药用价值的成分。具有药用价值的成分包括茶多酚、咖啡碱、脂多糖等。

1. 补充多种维生素

茶叶中含有多种维生素，按照溶解性可分为水溶性维生素和脂溶性维生素。其中水溶性维生素（如维生素 B、维生素 C）可直接被人体吸收利用，经常饮茶能够补充多种维生素。

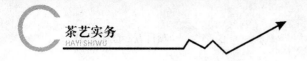

2. 饮茶能够补充人体需要的蛋白质和氨基酸

大量实验表明，茶叶中只有2%左右的水溶性蛋白能通过饮用直接被人体所吸收，其余存在于茶渣内。茶叶中的氨基酸种类丰富，达20余种，含量最高的是茶氨酸，占总氨基酸量的50%。茶叶中所含的氨基酸量，可作为人体氨基酸摄入量不足的补充。

3. 饮茶能够补充人体需要的矿物质元素

茶叶中含有人体需要的大量微量元素。茶叶中的锌元素，对维持人体生理机能起着重要作用，经常饮茶是获得此类矿物质元素的重要渠道之一。

（二）茶的药理价值

我国对茶的药理价值研究由来已久，《神农本草经》《茶谱》等史书都能查到详细记载。现在科学研究表明，茶叶的药理学成分主要是茶多酚、咖啡碱等。具体作用有以下几种。

1. 茶多酚的作用

茶叶中富含茶多酚，茶多酚中含有的儿茶素和茶黄素等，有助于抑制动脉粥样硬化，从而抑制人类心血管疾病。茶多酚能够阻断亚硝酸等多种致癌物质在人体内合成，并具有杀伤癌细胞和提高机体免疫能力的功效，对于预防和治疗辐射损害、抑制和抵抗病毒菌、美容护肤有一定的功效。

2. 咖啡碱的作用

茶叶中的咖啡碱能促使人体中枢神经兴奋，增强大脑皮层的兴奋过程，有助于提神醒脑。另外，咖啡碱对利尿解乏、降脂消化也有一定的功效。

3. 氟的作用

茶叶中含氟量较高，每100g干茶中含氟量为10～15mg，且80%为水溶性成分。氟能够预防龋齿，护齿、坚齿，对牙齿有益。

4. 类黄酮的作用

茶叶中含有大量类黄酮和维生素，这类物质能使血细胞不易凝结成块。因此，类黄酮可使心脏病发作率降低44%，能起到护心的作用。类黄酮还是最有效的抗氧化剂之一。

（三）科学饮茶注意事项

科学饮茶是在对茶的营养成分和药用成分充分了解的基础上形成的一套饮茶体系，科学饮茶应遵循现泡现饮原则，充分考虑茶量、个人情况和时令季节等因素。

1. 空腹不宜饮

空腹不适宜饮茶。茶能消食，空腹饮茶容易产生功能紊乱，也容易出现"茶醉现象"。

2. 茶量、浓度要适宜

适口为珍，适量为宜。把握好饮茶的尺度，才能实现保持身体健康的目的。适量饮茶时，咖啡因会提神醒脑；当饮茶过量时，则可能影响睡眠，甚至降低人的思维能力。

3. 饮茶时间要适宜

狭义的饮茶时间是指饭前饭后。服药前不适宜饮茶。广义的时间指的是充分考虑时令季节，如春选花茶，秋选乌龙，不同季节都能很好地领略茶的风味。

4. 饮茶主体要适宜

儿童适宜饮淡茶；女性月经期、妊娠期、临产期、哺乳期、更年期不建议饮茶；老年人应根据身体健康情况进行选择。

冠心病患者不宜多喝茶、喝浓茶，否则会发病或加重病情。

神经衰弱的患者不饮浓茶，不在临睡前饮茶。茶叶中的咖啡因会兴奋中枢神经，使精神处于兴奋状态，所以睡前饮茶对神经衰弱患者来说无疑是雪上加霜。

三、实训器材

电脑、多媒体设备。

四、实训环节

（一）发布情景任务

本实训项目为实景走访。情景任务为：一位年轻的女士走进茶楼，问道："我的朋友告诉我喝茶可以美容减肥。我喝哪种茶，既可以减肥又可以美容呢？"如果你是服务人员，该如何回答？

介绍茶叶营养知识是茶艺师的基础工作之一。茶艺师不仅需要了解不同茶叶的营养价值，懂得茶叶的药用价值，还要掌握科学饮茶的方法。

（二）开展实训

（1）针对以下因素开展资料收集。

①茶叶的营养价值。

②茶叶的药用价值。

③科学的饮茶方法。

（2）设计计划进度表。

（3）确定资料收集需要用到的方法和途径。

（4）资料汇总，并开展分析。

（5）书写报告。

（6）对分析结果进行汇报。

（7）教师及学生进行任务检查。

①收集的资料是否真实、客观、全面。

②汇总报告的格式规范、准确。

五、实训考核

实训考核评分表，如表 5-1 所示。

表 5-1 实训考核评分表

班级：　　　　姓名：　　　　测试时间：　　　　总分：

考评项目		分值	自我评估	小组评估	教师评估
团队合作（30分）	沟通能力	15			
	协作能力	15			
成果评定（40分）	任务方案	10			
	实施过程	10			
	工具使用	10			
	完成情况	10			
工作态度（20分）	工作纪律	10			
	敬业精神	10			
工作创新（10分）	角色认知	5			
	创新精神	5			
综合评定（100）					

中篇　茶艺服务

实训目标

本篇是茶艺学习的技能进阶阶段，通过学习，学生应能掌握茶艺礼仪，了解传统茶艺和特色茶艺。

（1）掌握茶艺的持物礼仪。

（2）掌握传统茶艺的演示步骤和方法。

（3）掌握特色茶艺的演示步骤和方法。

项目六　茶艺礼仪

导入语

中国是茶的故乡，是茶文化的发源地。茶文化是中国传统文化中不可缺少的部分。如何将这一种象征中华文明的文化符号传承并发扬下去，是我们这一代青年茶人肩负的使命。

我国历来就有"客来敬茶"的习俗。饮茶不仅是生理上解渴的需要，更是一种人际交往的礼仪与素养。现实生活中更是以茶谢礼、以器致礼，沏茶、敬茶成为人们生活当中必不可少的行为，是人际交往的基本礼仪。

任务一　持器礼仪

一、实训要求

通过本任务的学习，要求学生：

·进一步熟悉茶器名称；

·掌握茶艺的持物礼仪；

·掌握商务茶艺接待基本礼仪。

（一）茶器的持物礼仪

1. 杯子的使用礼仪

（1）拿品茗杯。拿品茗杯的姿势称为三龙护鼎。一般都是右手持杯，拇指和食指捏住杯子，中指托住杯子的底部，女生一般使用兰花指，男生则两指内扣手心，如图6-1、图6-2所示。

图 6-1　三龙护鼎（女士）

图 6-2　三龙护鼎（男士）

（2）拿玻璃杯：左手托杯底，右手手指扶在杯子的 2/3 处，如图 6-3 所示。

图 6-3　拿玻璃杯

（3）拿闻香杯。闻香杯是一种与品茗杯配合使用的杯子，它是乌龙茶特有的茶具，与品茗杯的质地相同。闻香杯加上一个茶托就是一套闻香组杯。闻香杯是汉族民间赏茶用具，用来嗅闻茶的香气，它的高度比品茗杯稍微高一些，闻香杯的作用是保留茶叶的香味。

闻香杯的用法：双手持杯子，靠近鼻子，开始闻香。另外一种闻香方式则是用双手搓动杯子闻香。

2. 盖碗的使用礼仪

"点抓"即食指用力点住盖帽，拇指、中指抓住碗沿，提起碗身将碗中水倒出。这个过程需注意：碗盖与碗身之间须拉开一道大小适中的缝隙，保证能顺利倒出茶水，茶叶不外溢；大拇指、食指、中指指尖须保持在一条直线上，拿放更稳；出水时水流方向对准食指指尖正前方，以防烫伤拇指、中指；提起盖碗后用手腕力量控制碗身，将碗中水倒出，碗底不可朝向他人，否则视为不敬，如图 6-4 所示。

图6-4　"点抓"

3. 壶的使用礼仪

（1）女士拿壶。

女士泡茶一般选用比较秀气的小品壶，所以姿势比较简单。中指（无名指）捏住壶柄，食指轻倚在壶盖（壶钮）上，大拇指捏住壶把。茶壶盛水后分量加重，会影响倒汤时的手感，最好在使用前先加水试用，找到适合自己的角度。女士拿壶手势（见图6-5）比男士拿壶手势（见图6-6）优美，能体现出女子温婉优雅的气质。

图6-5　女士拿壶手势

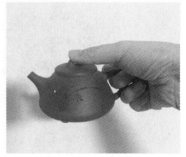

图6-6　男士拿壶手势

（2）男士拿壶。

相比女士的拿法，男士拿壶时更为粗犷大气，也更简单易操作。用大拇指抵住壶盖，食指及中指穿过壶柄捏住，大拇指放在壶盖和壶钮上皆可。但在非"定水"时，不要堵住气孔；如果放在壶盖上，要小心被烫到。

（3）不同大小的壶的使用礼仪。

①超级大壶。大壶如果再用一般方式来泡茶，就容易拿不稳，而且手特别累。这个时候需要用两只手泡茶，右手拿稳壶，左手护好盖。②提梁壶。"夹提把"适用于提梁壶（见图6-7），提梁壶的提把在盖子上方。持壶的方法是以拇指与食指、中指包夹住壶，提后半部根部，手指形如凤眼。

图 6-7　提梁壶

4. 茶道六君子的使用礼仪

茶道六君子为茶拨、茶夹、茶针、茶则、茶漏及茶筒。茶拨、茶夹、茶针、茶则、茶漏使用礼仪见图 6-8 至图 6-12。

图 6-8　茶拨使用礼仪

图 6-9　茶夹使用礼仪

图 6-10　茶针使用礼仪

图 6-11　茶则使用礼仪

图 6-12　茶漏使用礼仪

5. 公道杯的使用礼仪

公道杯的使用与壶的使用类似（见图 6-13），主要使用提、捏的技巧提捏公道杯的侧把。

图6-13　公道杯使用礼仪

6. 随手泡的使用礼仪

随手泡多为单手注水，以保持头正肩平，如图6-14所示。

图6-14　随手泡使用礼仪

7. 赏茶荷的使用礼仪

赏茶荷的使用应注意卫生，不要触碰出茶口位置，如图6-15所示。

（a）

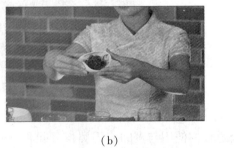
（b）

图6-15　赏茶荷使用礼仪

（二）茶艺中的商务接待礼仪

1. 日常坐姿

女士脚尖并拢，脚尖在一条直线，脚踝并拢，小腿并拢，膝盖并拢，大腿向内侧挤压。膝盖弯曲，身体以膝盖为轴心前倾15°。手四层交叠，放于大腿中部靠前一掌的位置。立腰，以臀部为轴心，向前倾斜15°，手肘放松，头正肩平，收下颌，微笑目视前方。如图6-16和图6-17所示。

男士双腿分开，与肩同宽，脚尖朝前，膝盖弯曲成90°。手握半拳放于大腿上，立腰，以臀部为轴心，向前倾斜15°，手肘放松，头正肩平，收下颌，微笑目视前方，如图6-18和图6-19所示。

 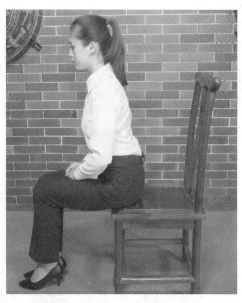

图6-16　女士日常坐姿（正面）　　　图6-17　女士日常坐姿（侧面）

图6-18　男士日常坐姿（正面）　　　图6-19　男士日常坐姿（侧面）

2. 在茶席前的坐姿

女士双手呈请的手势，斜放于茶巾两侧。或握半拳放于茶桌上，与肩同宽，如图 6-20 和图 6-21 所示。

男士手握半拳，放于桌上，与肩同宽。如客人较近，建议身体略微倾斜 15°，保持与客人之间的亲和距离，如图 6-22 所示。

图 6-20 女士在茶席前的坐姿（1）　　图 6-21 女士在茶席前的坐姿（2）

图 6-22 男士在茶席前的坐姿

3. 服务站姿

女士建议采用并步腹式站姿。脚并拢，脚踝并拢，小腿并拢，膝盖并拢，大腿并拢，夹臀，收腹立腰，沉肩。双手四层交叠，握于手指处，左手大拇指顶在肚脐上，手肘打开，收下颌，微笑目视前方，如图6-23所示。女士服务站姿双手交握方式见图6-24。

男士双脚与肩同宽，双手握于虎口处，其余与女士略同。

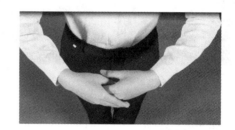

图6-23 女士服务站姿　　图6-24 女士服务站姿双手交握方式

4. 鞠躬礼

茶艺礼仪分为15°草礼，30°行礼，90°真礼。

15°草礼用于平辈间（见图6-25），30°用于晚辈对长辈（见图6-26），90°用于最尊敬的人（见图6-27）。

5. 其他礼仪

（1）眼到手到：操作过程中注意眼到手到，眼神跟随物品。

（2）环抱物品：环抱是对物品的尊重和爱护，也能起到缓和动作的作用。

（3）茶席分区：以茶台中线为轴心，左手管理左边区域，右手则管理右边区域，尽量避免交叉。

茶艺礼仪是以敬为核心的服务礼仪，在实际操作过程中，有许多值得我们一一斟酌的细节，希望同学们在课后多加练习和总结。

  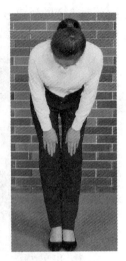

图 6-25　15°草礼　　　　图 6-26　30°行礼　　　　图 6-27　90°真礼

二、实训器材

品茗杯、玻璃杯、盖碗、紫砂壶、随手泡、茶道六君子、杯垫、茶巾、赏茶荷、公道杯、闻香杯等。

三、实训环节

（1）发布实训任务。

（2）拍摄基本茶器的持物礼仪照片，从绿茶、红茶、乌龙茶中选取一种冲泡，拍摄主泡器皿的冲泡视频。

（3）整理素材后提交至教学网站平台。

（4）教师点评，并展示优秀作品。

四、实训考核

实训考核评分表如表 6-1 所示。

表 6-1 实训考核评分表

班级：　　　　　姓名：　　　　　测试时间：　　　　　总分：

序号	项目	分值分配	要求和评分标准	扣分	得分
1	礼仪 仪表 仪容 （55分）	15	发型、服饰端庄自然		
		20	形象自然、得体，优雅，表情自然，具有亲和力		
		20	动作、手势、站立姿、坐姿、行姿端正得体		
2	元素 （20分）	20	正确使用冲泡器皿		
3	相片、 视频质量 （25分）	25	照片、视频拍摄清晰，主题突出		
总分	100				

项目七　传统茶艺

导入语

传统茶艺表演是对茶文化的动态演绎，也是茶事服务中的关键一环。目前，国内大型茶艺比赛中，对传统茶艺表演的考核集中在红茶、绿茶、乌龙茶等品种，综合考量选手的仪容仪表、茶席布置、茶艺演示、茶汤质量等方面。本项目参考最新的全国茶艺技能赛——"中华茶艺"的赛项规程及行业岗位要求设计内容和考核标准。

任务一　绿茶茶艺

一、实训要求

通过本任务的学习，要求学生：

·掌握赏茶、翻杯、润杯、投茶、摇香等手法；

·熟练地根据不同绿茶的特征选择玻璃杯进行上投、中投、下投的投茶方法，不同的注水方法和标准的奉茶技法；

·掌握规范得体的操作流程及典雅大方的动作要领，能进行富有艺术性的完美展示。

二、实训基本知识

绿茶是中国的主要茶类之一，属于不发酵茶。其制成品的色泽和冲泡后的茶汤较多地保存了鲜茶叶的绿色格调，因而其基本特征是绿叶清汤。

在传统的绿茶茶艺表演中，表演者一般选用玻璃杯来进行行茶艺术的展示。玻璃杯具有传热、散热较快的特点，适合嫩绿茶叶的冲泡。其晶莹剔透的质地能完美地展现绿茶茶叶的细嫩柔软，茶汤的清透色泽，茶叶在整个冲泡过程中的上下穿动，叶片的逐渐舒展等，可以一览无余，可以说是一种动态的艺术欣赏。特别是冲泡各类名茶，茶具晶莹剔透，杯中轻雾缥缈，澄清碧绿，芽叶朵朵，亭亭玉立，观之赏心悦目，别有情趣。

三、实训器材

绿茶茶艺实训器材如表 7-1 所示。

表 7-1　绿茶茶艺实训器材

物品名称	数量/件
200ml 厚底无印花玻璃杯	3
玻璃杯垫	3
茶道组	1
水盂	1
赏茶荷	1
茶叶罐	1
茶盘	1
茶巾	1
玻璃提梁壶	1

四、实训环节

绿茶传统茶艺在茶艺展示中运用广泛，也是各类茶艺比赛的常考项目。通过对绿茶茶艺的学习，学生可以熟练掌握绿茶行茶技艺中的茶量、水温及出汤时间等，以及行茶规范的行茶步骤，完美地展现绿茶色香味的同时给人艺术的享受。

根据表 7-1 的要求准备好实训器材，按照冲泡流程分组开展实训。

（一）准备泡茶器具

准备操作所需的实训器材：茶叶罐 1 个、200ml 厚底无印花玻璃杯 1 个、玻璃杯垫 3 个、玻璃提梁壶 1 把、水盂 1 个、赏茶荷 1 个、茶拨 1 个、茶巾 1 张、长方形茶盘 1 个。保持茶具的干燥，切忌有水的存在。在操作过程中茶具中有水容易导致手滑，洒漏茶汤或打碎茶具。

为保证操作的便利及演示的美观，在茶盘中选择合适的位置摆放茶具，如图 7-1 所示。

绿茶茶艺

图 7-1 准备泡茶器具

（二）冲泡流程

绿茶茶艺流程一共有 11 个步骤。

1. 布具

将茶盘放置在凳子的正前方，并留一定的空间用于摆放茶巾；双手将提梁壶置于茶盘右侧 1/2 的位置，壶嘴朝左上方成 45°角；双手将水盂放置在提梁壶的后面，从水盂中依次取出叠好的茶巾置于身前桌面，赏茶荷、茶拨放置于茶巾左侧；取出茶叶罐放置于茶盘左侧，将玻璃杯调整成一条斜线，与茶盘对角线一致，如图 7-2 所示。

图 7-2 布具

2. 行礼入座

入座时，身体放松，端坐于凳子 1/2 到 2/3 处，使身体重心居中，保持平稳。女士头部上顶，下颌微收，双脚并拢，切忌两腿分开，双脚可向前微伸 15°，双手可交叉相叠

（右手在上左手在下）置于身体正前方，或双手竖握空拳置于身体两侧桌面，同时腋下应保留与身体一个拳头的距离，便于操作。男士头部上顶，下颌微收，双脚打开与肩齐宽，双手竖握空拳置于身体两侧桌面，同时腋下应保留与身体一个拳头的距离，便于操作。行礼时切忌过快或过慢，行礼表示茶艺展示的开始。

3. 翻杯

从左至右用双手将事先扣放在茶盘上的玻璃逐个翻转过来，注意每个玻璃杯的高度一致，直起直落，气韵连贯，如图 7-3 和图 7-4 所示。

图 7-3　翻杯（1）

图 7-4　翻杯（2）

4. 取茶、赏茶

双手取茶叶罐，右手内旋将茶叶罐打开，并取出茶拨，将茶叶罐中的茶叶轻轻拨入赏茶荷，注意不要折断干茶，最后并将茶叶罐盖好，放回原处，如图 7-5 所示。

图 7-5 取茶

双肘打开，双手平托赏茶荷，从左至右供客人欣赏干茶的外形、色泽，感受干茶的香气，如图 7-6 所示。赏茶结束后将赏茶荷放回原位。

图 7-6 赏茶

5. 温杯

从左至右一次注入 1/3 杯的开水，双手持杯至胸前，左手托杯底，右手握杯身，将玻璃杯朝左倾斜，杯中水接近杯口位置，逆时针轻轻旋转杯身两圈，将废水倒入水盂中，玻璃杯放回原位，如图 7-7 所示。

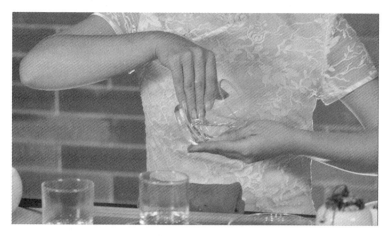

图 7-7 温杯

6. 置茶

用茶拨将赏茶荷中的茶依次等量拨入杯中待泡（下投法），每 50ml 容量用茶 1g，如图 7-8所示。

图 7-8 置茶

7. 润茶摇香

用回转斟水法依次将随手泡中的水注入杯中，浸没茶叶即可，注意开水不要直接浇在茶叶上，应打在玻璃杯内壁上，以免烫伤茶叶。双手持杯至胸前，左手托杯底，右手握杯身，逆时针方向旋转三圈，润茶摇香，可以一圈慢两圈快，如图 7-9 所示。

图 7-9　润茶摇香

8. 冲泡

执随手泡，以单边定点将水倾入或以"凤凰三点头"高冲注水方式一次性将玻璃杯中的水注到七分满即可，如图 7-10 所示。

图 7-10　冲泡

9. 奉茶

将冲泡好的绿茶在茶盘中调整成品字形，起身，往左跨一步，端起茶盘奉茶。奉茶时先行礼，再奉茶，右手持杯垫，将茶放置于客人前面，茶放好后，向客人行伸掌礼，做出"请"的手势，或说"您好，请用茶"，再行礼，如图 7-11 和图 7-12 所示。

图 7-11 奉茶（1）

图 7-12 奉茶（2）

10. 收具

奉茶完毕，将茶盘放置于桌面，依次（顺时针或者逆时针）将桌面上的茶具收入茶盘中，如图 7-13 所示。

图 7-13　收具

11. 行礼

再次行礼表示茶艺表演结束。行礼结束，撤回茶具。

五、实训考核

绿茶茶艺考核评分表如表 7-2 所示。

表 7-2　绿茶茶艺考核评分表

班级：　　　　　姓名：　　　　　测试时间：　　　　　总分：

序号	项目	分值分配	要求和评分标准	扣分标准	扣分	得分
1	礼仪仪表仪容（15分）	5	发型、服饰端庄自然	发型、服饰尚端庄自然，扣0.5分； 发型、服饰欠端庄自然，扣1分； 其他因素扣分		
		5	形象自然、得体、优雅，表情自然，具有亲和力	表情木讷，眼神无恰当交流，扣0.5分； 神情恍惚，表情紧张不自如，扣1分； 妆容不当，扣1分； 其他因素扣分		
		5	动作、手势、站立姿、坐姿、行姿端正得体	坐姿、站姿、行姿尚端正，扣1分； 坐姿、站姿、行姿欠端正，扣2分； 手势中有明显多余动作，扣1分； 其他因素扣分		

表7-2(续)

序号	项目	分值分配	要求和评分标准	扣分标准	扣分	得分
2	茶席布置(10分)	5	器具选配功能、质地、形状、色彩与茶类协调	茶具色彩欠协调,扣0.5分; 茶具配套不齐全,或有多余,扣1分; 茶具之间质地、形状不协调,扣1分; 其他因素扣分		
		5	器具布置与排列有序、合理	茶具、席面欠协调,扣0.5分; 茶具、席面布置不协调,扣1分; 其他因素扣分		
3	茶艺演示(35分)	15	冲泡程序契合茶理,投茶量适宜,水温、冲水量及时间把握合理	冲泡程序不符合茶性,洗茶,扣3分; 不能正确选择所需茶叶,扣1分; 选择水温与茶叶不相适宜,过高或过低,扣1分; 水量过多或太少,扣1分; 其他因素扣分		
		10	操作动作适度、顺畅、优美,过程完整,形神兼备	操作过程完整顺畅,尚显艺术感,扣0.5分; 操作过程完整,但动作紧张僵硬,扣1分; 操作基本完成,有中断或出错二次以下,扣2分; 未能连续完成,有中断或出错三次以上,扣3分; 其他因素扣分		
		5	泡茶、奉茶姿势优美端庄,言辞恰当	奉茶姿态不端正,扣0.5分; 奉茶次序混乱,扣0.5分; 不行礼,扣0.5分; 其他因素扣分		
		5	布局有序合理,收具有序,完美结束	布具、收具欠有序,茶具摆放欠合理,扣0.5分; 布具、收具顺序混乱,茶具摆放不合理,扣1分; 离开演示台时,走姿不端正,扣0.5分; 其他因素扣分		
4	茶汤质量(35分)	25	茶的色、香、味等特性表达充分	未能表达出茶色、香、发味其一者,扣5分; 未能表达出茶色、香、味其二者,扣8分; 未能表达出茶色、香、味其三者,扣10分; 其他因素扣分		
		5	所奉茶汤温度适宜	温度略感不适,扣1分; 温度过高或过低,扣2分; 其他因素扣分		
		5	所奉茶汤适量	过多(溢出茶杯杯沿)或偏少(低于茶杯1/2),扣1分; 各杯不均,扣1分; 其他扣分因素		
5	时间(5分)	5	在6~10min内完成茶艺演示	误差1~3min,扣1分; 误差3~5min,扣2分; 超过规定时间5min,扣5分; 其他因素扣分		
总分	100					

任务二　红茶茶艺

一、实训要求

通过本任务的学习，要求学生：

- 掌握翻杯、赏茶、润盖碗、投茶、摇香等手法；
- 熟练地操作不同的注水方法，例如回旋斟水、单边定点注水、标准的奉茶技法；
- 掌握规范得体的操作流程及典雅大方的动作要领，能进行富有艺术性的完美展示。

二、实训基本知识

红茶，顾名思义，叶红汤红，在六大茶类中，发酵程度最重，浓度最高，包容性最强。全球70%的人都在品饮红茶。

红茶是目前世界上产销最多的茶类，属于全发酵茶类。一般条索状的红茶，色泽乌润，汤色红艳明亮，香气持久，滋味浓醇鲜爽，呈现红汤红叶的基本特征。在红茶传统茶艺中，一般会选择瓷质盖碗（以白瓷最佳）来进行冲泡。

红茶传统茶艺在茶艺展示中运用广泛，也是各类茶艺比赛的常考项目。通过对红茶茶艺的学习，学生可以熟练掌握红茶茶艺中的茶量、水温及出汤时间，以及行茶规范的行茶步骤，通过红茶茶艺将红茶的色香味发挥到极致，给人一种艺术的享受。

三、实训器材

红茶茶艺实训器材如表7-3所示。

表7-3　红茶茶艺实训器材

物品名称	数量/件
陶瓷盖碗	1
公道杯	1
品茗杯	3
配套杯垫	3
水盂	1
茶道组	1
赏茶荷	1
茶叶罐	1

表7-3(续)

物品名称	数量/件
茶盘	1
茶巾	1
提梁壶	1

四、实训环节

根据表7-3的要求，准备好实训器材，按照冲泡流程分组开展实训。

红茶茶艺

（一）准备泡茶器具

准备操作所需要的茶叶罐1个、陶瓷盖碗1个、公道杯1个、品茗杯3个、配套杯垫3个、提梁壶1把、水盂1个、赏茶荷1个、茶拨1个、茶巾1张、长方形茶盘1个。

将品茗杯倒扣置于杯垫上，有花色一面朝向客人。保持茶具的干燥，切忌有水的存在。在操作过程中茶具中有水容易导致手滑，洒漏茶汤或打碎茶具。为保证操作的便利及演示的美观，在茶盘中选择合适的位置摆放泡茶器具，如图7-14所示。

图7-14　准备泡茶器具

（二）冲泡流程

红茶艺流程一共有12个步骤。

1. 布具

将茶盘放置在凳子的正前方，并留出一定的空间用于摆放茶巾；双手将提梁壶放置于茶盘右侧1/2的位置，壶嘴朝左上方成45°；双手将水盂放置在提梁壶的后面，从水盂中依次取出叠好的茶巾置于身前桌上，赏茶荷、茶拨放置于茶巾左侧；取出茶叶罐放置于茶盘左侧，依次调整盖碗、公道杯、品茗杯的摆放位置，注意将带有花色的一面朝向客人，如图 7-15 所示。

图 7-15　布具

2. 行礼

入座时，身体放松，端坐于凳子 1/2 到 2/3 处，使身体重心居中，保持平稳。女士头部上顶，下颌微收，双脚并拢，切忌两腿分开，双脚可向前微伸 15°，双手可交叉相叠（右手在上，左手在下）置于身体正前方，或双手竖握空拳置于身体两侧桌面，同时腋下应保留与身体一个拳头的距离，便于操作。男士头部上顶，下颌微收，双脚打开与肩齐宽，双手竖握空拳置于身体两侧桌面，同时腋下应保留与身体一个拳头的距离，便于操作。行礼时切忌过快或过慢。行礼表示茶艺展示的开始。

3. 翻杯

右手翻杯，注意每个品茗杯的高度一致，直起直落，气韵连贯，品茗杯有花色的一面面向客人，如图 7-16 和图 7-17 所示。

图 7-16　翻杯（1）

图 7-17 翻杯（2）

4. 取茶、赏茶

双手取茶叶罐，右手内旋将茶叶罐打开，并取出茶拨，将茶叶罐中的茶叶轻轻拨入赏茶荷，注意不要折断干茶，最后并将茶叶罐盖好，放回原处。双肘打开，双手平托赏茶荷，从左至右供客人欣赏干茶的外形、色泽，感受干茶的香气，赏茶结束将赏茶荷放回原来的位置，如图 7-18 所示。

图 7-18 赏茶

5. 温杯

将盖碗打开，将提梁壶中的水以逆时针的方向注入盖碗中，温完盖碗的水依次倒入公道杯及品茗杯，如图 7-19、图 7-20 和图 7-21 所示。

图 7-19　温盖碗

图 7-20　温盅及品茗杯

图 7-21　温杯

6. 置茶

用茶拨将赏茶荷中的茶依次拨入盖碗中待泡（下投法），每 50ml 容量用茶 1g，如图 7-22 所示。

图 7-22　置茶

7. 润茶摇香

用回转斟水法依次将随手泡中的水注入杯中，没过茶叶即可。双手端盖碗至胸前润茶，逆时针方向旋转三圈润茶摇香，可以一圈慢两圈快，如图 7-23 和图 7-24 所示。

图 7-23　润茶

图 7-24　摇香

8. 冲泡

单边定点注水冲泡，冲泡时应注意水量及出汤时间，如图 7-25 所示。

图 7-25　冲泡

9. 匀汤分茶

将盖碗中的茶汤倒入公道杯，将品茗杯中的水一次性倒入水盂，再将茶汤依次倒至品茗杯，每杯要求斟至七分满，如图 7-26 和图 7-27 所示。

图 7-26　将品茗杯中的水一次性倒入水盂

图 7-27　匀汤分茶

10. 奉茶

将茶盘中的盖碗及公道杯依次移出至茶盘左侧，再将冲泡好的红茶在茶盘中调整成品字形，起身，往左跨一步，端起茶盘奉茶。奉茶时先行礼，再奉茶，右手持杯垫，将茶放于客人前面，茶放好后，向客人行伸掌礼，做出"请"的手势，或说"您好，请用茶"，再行礼，如图 7-28 所示。

图 7-28　奉茶

11. 收具

奉茶完毕，将茶盘放于桌面，依次（顺时针或者逆时针）将桌面上的茶具收入茶盘中，如图 7-29 所示。

图 7-29　收具

12. 行礼

再次行礼表示茶艺表演结束，如图 7-30 所示。行礼结束，撤回茶具。

图 7-30　行礼

五、实训考核

红茶茶艺考核评分表如表 7-4 所示。

表 7-4　红茶茶艺考核评分表

班级：　　　　　姓名：　　　　　测试时间：　　　　　总分：

序号	项目	分值分配	要求和评分标准	扣分标准	扣分	得分
1	礼仪仪表仪容（15分）	5	发型、服饰端庄自然	发型、服饰尚端庄自然，扣0.5分； 发型、服饰欠端庄自然，扣1分； 其他因素扣分		
		5	形象自然、得体、优雅，表情自然，具有亲和力	表情木讷，眼神无恰当交流，扣0.5分； 神情恍惚，表情紧张不自如，扣1分； 妆容不当，扣1分； 其他因素扣分		
		5	动作、手势、站立姿、坐姿、行姿端正得体	坐姿、站姿、行姿尚端正，扣1分； 坐姿、站姿、行姿欠端正，扣2分； 手势中有明显多余动作，扣1分； 其他因素扣分		
2	茶席布置（10分）	5	器具选配功能、质地、形状、色彩与茶类协调	茶具色彩欠协调，扣0.5分； 茶具配套不齐全，或有多余，扣1分； 茶具之间质地、形状不协调，扣1分； 其他因素扣分		
		5	器具布置与排列有序、合理	茶具、席面欠协调，扣0.5分； 茶具、席面布置不协调，扣1分； 其他因素扣分		

表7-4(续)

序号	项目	分值分配	要求和评分标准	扣分标准	扣分	得分
3	茶艺演示(35分)	15	冲泡程序契合茶理,投茶量适宜,水温、冲水量及时间把握合理	冲泡程序不符合茶性,洗茶,扣3分; 不能正确选择所需茶叶,扣1分; 选择水温与茶叶不相适宜,过高或过低,扣1分; 水量过多或太少,扣1分; 其他因素扣分		
		10	操作动作适度、顺畅、优美,过程完整,形神兼备	操作过程完整顺畅,尚显艺术感,扣0.5分; 操作过程完整,但动作紧张僵硬,扣1分; 操作基本完成,有中断或出错二次以下,扣2分; 未能连续完成,有中断或出错三次以上,扣3分; 其他因素扣分		
		5	泡茶、奉茶姿势优美端庄,言辞恰当	奉茶姿态不端正,扣0.5分; 奉茶次序混乱,扣0.5分; 不行礼,扣0.5分; 其他因素扣分		
		5	布局有序合理,收具有序,完美结束	布具、收具欠有序,茶具摆放欠合理,扣0.5分; 布具、收具顺序混乱,茶具摆放不合理,扣1分; 离开演示台时,走姿不端正,扣0.5分; 其他因素扣分		
4	茶汤质量(35分)	25	茶的色、香、味等特性表达充分	未能表达出茶色、香、味其一者,扣5分; 未能表达出茶色、香、味其二者,扣8分; 未能表达出茶色、香、味其三者,扣10分; 其他因素扣分		
		5	所奉茶汤温度适宜	温度略感不适,扣1分; 温度过高或过低,扣2分; 其他因素扣分		
		5	所奉茶汤适量	过多(溢出茶杯杯沿)或偏少(低于茶杯1/2),扣1分; 各杯不均,扣1分; 其他扣分因素		
5	时间(5分)	5	在6~10min内完成茶艺演示	误差1~3min,扣1分; 误差3~5min,扣2分; 超过规定时间5min,扣5分; 其他因素扣分		
总分	100					

任务三　乌龙茶茶艺

一、实训要求

通过本任务的学习，要求学生：

·熟悉翻杯、双杯翻转、温壶、温杯、投茶等手法；

·掌握"高冲低斟""刮沫淋盖""关公巡城""韩信点兵"的操作，以及标准的奉茶技巧；

·掌握规范得体的操作流程以及典雅大方的动作要领，能进行富有艺术性的完美展示。

二、实训基本知识

乌龙茶是中国特有的茶类之一，又称青茶，属于半发酵茶。乌龙茶既具有绿茶的清香、花香或花果香，又具有红茶的醇厚甘爽滋味，韵味独特，回甘持久。叶底呈现"绿叶红镶边""三红七绿"的明显特征。

在乌龙茶传统茶艺中，一般选用双杯泡法，利用紫砂壶、闻香杯、品茗杯组合来进行冲泡，紫砂壶保温性及透气性好，能发挥乌龙茶的茶汤品质特征，闻香杯具有留茶香、聚茶香的特征，紫砂品茗杯能延缓茶汤的散热，组合使用可以将乌龙茶的色香味发挥到极致。

三、实训器材

乌龙茶茶艺实训器材如表7-5所示。

表7-5　乌龙茶茶艺实训器材

物品名称	数量/件
双层茶盘	1
奉茶盘	1
茶道组	1
紫砂壶	1
品茗杯	4
闻香杯	4
茶杯垫	4

表7-5（续）

物品名称	数量/件
茶叶罐	1
赏茶荷	1
茶巾	1
随手泡	1

四、实训环节

根据表 7-5 的要求，准备好实训器具，按照冲泡流程分组开展实训。

（一）准备泡茶器具

（1）双层茶盘：可进行湿泡，具备盛水功能，可代替茶洗的作用。

（2）奉茶盘：摆放泡好的茶，用于奉茶。

（3）茶道组：又称为"茶道六君子"，是进行茶道的一组器具。

（4）紫砂壶：主泡器，用于冲泡茶叶。

（5）品茗杯：品茶所用。

（6）闻香杯：闻茶香所用。

（7）茶杯垫：用于摆放品茗杯与闻香杯。

（8）茶叶罐：用于储存茶叶。

（9）赏茶荷：用于观赏茶叶外观。

（10）茶巾：用于吸取外溅的茶汁。

（11）随手泡：用于烧水和冲泡茶叶。

（二）冲泡流程

紫砂壶乌龙茶茶艺流程一共有 13 个步骤。

1. 备具

将闻香杯倒扣于品茗杯内，所有茶具摆放在奉茶盘中，将奉茶盘叠放在双层茶盘左侧，随手泡放置于双层茶盘的右侧，保持茶具的干燥，切忌有水的存在。在操作过程中，茶具中有水容易导致手滑，洒漏茶汤或打碎茶具。备具的流程如图 7-31 所示。

乌龙茶茶艺

图 7-31 备具

2. 行礼

入座时，身体放松，端坐于凳子 1/2 到 2/3 处，使身体重心居中，保持平稳。女士头部上顶，下颌微收，双脚并拢，切忌两腿分开，双脚可向前微伸，双手可交叉相叠（右手在上，左手在下）置于身体正前方，或双手竖握空拳置于身体两侧桌面，同时腋下应保留与身体一个拳头的距离，便于操作。男士头部上顶，下颌微收，双脚打开与肩齐宽，双手竖握空拳置于身体两侧桌面，同时腋下应保留与身体一个拳头的距离，便于操作。行礼时切忌过快或过慢。行礼表示茶艺展示的开始，如图 7-32 所示。

图 7-32 行礼

3. 布具

将双层茶盘放置在凳子的正前方，并留有一定的空间用于摆放茶巾；双手将奉茶盘摆放在双层茶盘左侧，再将随手泡放置于茶盘右侧，壶嘴朝左上方成45°角。

将奉茶盘中的闻香杯、品茗杯在双层茶盘上左侧位置摆放整齐，将紫砂壶摆放在右侧位置，依次将茶道组、茶叶罐、赏茶荷摆放在双层茶盘的左侧，双手将水盂放置在提梁壶的后方，茶巾置于身前桌面，茶杯垫放置于茶巾左侧，便于操作，如图7-33所示。

图7-33　布具

4. 翻杯

双手翻杯，将倒扣的闻香杯依次翻转过来一字排开放在茶盘上，如图7-34所示。

图7-34　翻杯

5. 取茶、赏茶

双手取茶叶罐，右手内旋将茶叶罐打开，并在茶道组中取出茶则，利用茶则将茶置入赏茶荷，双手平端赏茶荷，从左至右供客人欣赏干茶的外形、色泽，感受干茶的香气，赏茶结束后将赏茶荷放回原来的位置，如图7-35和图7-36所示。

图 7-35　取茶

图 7-36　赏茶

6. 温润器具

将沸水注入壶中，再将壶中的水注入闻香杯，要求做到水柱高低起伏、延绵不断，再将多余的水注入品茗杯，如图 7-37 所示。

图 7-37　温润器具

7. 置茶

取茶漏置于紫砂壶壶口，以免拨茶时茶叶洒落。取茶拨将赏茶荷中的茶叶拨入紫砂壶，如图 7-38 所示。

图 7-38　置茶

8. 洗茶、刮沫

将滚烫的沸水沿壶口注入，切忌直冲壶心，注水时可将随手泡提高；注水时溢出的白色茶沫，先用壶盖刮去，再用水轻淋壶盖，将泡沫冲洗干净；最后将洗茶水倒掉，如图 7-39所示。

图 7-39 刮沫

9. 冲泡、淋壶增温

注水冲泡，将壶盖盖好，逆时针淋壶一圈，起到增温的效果。再将闻香杯中的水浇淋在紫砂壶上，起到再次增温的作用，如图 7-40 所示。

图 7-40 淋壶增温

10. 斟茶

关公巡查：将茶壶贴近摆好的闻香杯，然后连续不断地把茶均匀注入各个杯中，如图 7-41 所示。韩信点兵：将紫砂壶中的茶汤倾尽，尚有余滴，依次滴入各个闻香杯中，如图 7-42 所示。将品茗杯中的温杯水倒掉，将闻香杯倒扣于品茗杯中，一起置于杯垫上，一次放入奉茶盘。动作要求连绵，有节奏感，包含气韵，应做到低、快、匀、尽。

图 7-41　关公巡查

图 7-42　韩信点兵

11. 奉茶

　　端起茶盘进行奉茶。奉茶时先行礼，再奉茶，右手持杯垫，将茶放置于客人前面，茶放好后，向客人行伸掌礼，做出"请"的手势，或说"您好，请用茶"，再行礼，如图 7-43 所示。

图 7-43 奉茶

12. 收具

奉茶完毕，将茶盘放置桌面，依次（顺时针或者逆时针）将桌面上的茶具收入茶盘中，再将茶盘叠放在双层茶盘左侧，随手泡放置于双层茶盘右侧，如图 7-44 所示。

图 7-44 收具

13. 行礼

再次行礼表示茶艺表演结束。行礼结束，撤回茶具，如图 7-45 所示。

图 7-45　行礼

五、实训考核

乌龙茶茶艺考核评分表如表 7-6 所示。

表 7-6　乌龙茶茶艺考核评分表

班级：　　　　　姓名：　　　　　测试时间：　　　　　总分：

序号	项目	分值分配	要求和评分标准	扣分标准	扣分	得分
1	礼仪仪表仪容（15分）	5	发型、服饰端庄自然	发型、服饰尚端庄自然，扣0.5分； 发型、服饰欠端庄自然，扣1分； 其他因素扣分		
		5	形象自然、得体、优雅，表情自然，具有亲和力	表情木讷，眼神无恰当交流，扣0.5分； 神情恍惚，表情紧张不自如，扣1分； 妆容不当，扣1分； 其他因素扣分		
		5	动作、手势、站立姿、坐姿、行姿端正得体	坐姿、站姿、行姿尚端正，扣1分； 坐姿、站姿、行姿欠端正，扣2分； 手势中有明显多余动作，扣1分； 其他因素扣分		

表7-6(续)

序号	项目	分值分配	要求和评分标准	扣分标准	扣分	得分
2	茶席布置(10分)	5	器具选配功能、质地、形状、色彩与茶类协调	茶具色彩欠协调,扣0.5分; 茶具配套不齐全,或有多余,扣1分; 茶具之间质地、形状不协调,扣1分; 其他因素扣分		
		5	器具布置与排列有序、合理	茶具、席面欠协调,扣0.5分; 茶具、席面布置不协调,扣1分; 其他因素扣分		
3	茶艺演示(35分)	15	冲泡程序契合茶理,投茶量适宜,水温、冲水量及时间把握合理	冲泡程序不符合茶性,洗茶,扣3分; 不能正确选择所需茶叶,扣1分; 选择水温与茶叶不相适宜,过高或过低,扣1分; 水量过多或太少,扣1分; 其他因素扣分		
		10	操作动作适度、顺畅、优美,过程完整,形神兼备	操作过程完整顺畅,尚显艺术感,扣0.5分; 操作过程完整,但动作紧张、僵硬,扣1分; 操作基本完成,有中断或出错二次以下,扣2分; 未能连续完成,有中断或出错三次以上,扣3分; 其他因素扣分		
		5	泡茶、奉茶姿势优美端庄,言辞恰当	奉茶姿态不端正,扣0.5分; 奉茶次序混乱,扣0.5分; 不行礼,扣0.5分; 其他因素扣分		
		5	布局有序合理,收具有序,完美结束	布具、收具欠有序,茶具摆放欠合理,扣0.5分; 布具、收具顺序混乱,茶具摆放不合理,扣1分; 离开演示台时,走姿不端正,扣0.5分; 其他因素扣分		
4	茶汤质量(35分)	25	茶的色、香、味等特性表达充分	未能表达出茶色、香、味其一者,扣5分; 未能表达出茶色、香、味其二者,扣8分; 未能表达出茶色、香、味其三者,扣10分; 其他因素扣分		
		5	所奉茶汤温度适宜	温度略感不适,扣1分; 温度过高或过低,扣2分; 其他因素扣分		
		5	所奉茶汤适量	过多(溢出茶杯杯沿)或偏少(低于茶杯1/2),扣1分; 各杯不均,扣1分; 其他扣分因素		
5	时间(5分)	5	在6~10min内完成茶艺演示	误差1~3min,扣1分; 误差3~5min,扣2分; 超过规定时间5min,扣5分; 其他因素扣分		
总分	100					

任务四　黑茶茶艺

一、实训要求

通过本任务的学习，要求学生：

·熟悉温壶、投茶、润茶、定点冲泡等手法；

·掌握规范得体的操作流程及典雅大方的动作要领，能进行富有艺术性的完美展示。

二、实训基本知识

黑茶，因成品茶的外观呈黑色而得名。黑茶属于六大茶类之一，属后发酵茶，主产区为广西、四川、云南、湖北、湖南、陕西、安徽等地。传统黑茶采用的黑毛茶，原料成熟度较高，是压制紧压茶的主要原料。

黑毛茶制茶工艺一般包括杀青、揉捻、渥堆和干燥四道工序。黑茶按地域分布，主要分类为湖南黑茶（茯茶、千两茶、黑砖茶、三尖等）、湖北青砖茶、四川藏茶（边茶）、安徽古黟黑茶（安茶）、云南黑茶（普洱熟茶）、广西六堡茶及陕西黑茶（茯茶）。

黑茶加工中的渥堆工艺是形成黑茶品质的关键工序，使其有别于其他五大茶类。渥堆过程以微生物的活动为中心，经过长时间的渥堆，茶叶多酚类物质、蛋白质和果胶等化合物在湿热环境中产生的微生物的作用下，发生复杂氧化和水解反应，形成滋味浓厚、醇和耐泡的特点。黑茶具有特殊的陈香，茶性温和。黑茶的主要保健作用是消食，下气去胃胀，醒脾健胃，解油腻。黑茶降血脂、降胆固醇，减肥功效明显。

黑茶生产历史悠久，是我国特有的茶类，在加工过程中，黑茶形成了干茶青褐色，黑褐油润，汤色橙黄、橙红或呈琥珀色，具有纯正的陈香，部分六堡茶具有独特的槟榔香，滋味醇和，入口饱满，回甘好且持久，适宜用壶或盖碗来进行冲泡。学生须掌握泡黑茶所需器具及要求，掌握温壶、投茶、润茶、定点冲泡等手法。

三、实训器材

黑茶茶艺实训器材如表7-7所示。

表7-7　黑茶茶艺实训器材

物品名称	数量/件
陶壶	1
公道杯	1

表7-7（续）

物品名称	数量/件
品茗杯	4
杯垫	4
赏茶荷	1
茶拨	1
壶承	1
盖置	1
茶巾	1
随手泡	1
茶洗	1

四、实训环节

根据表7-7的要求，准备好实训器具，按照冲泡流程分组开展实训。

（一）准备泡茶器具

本书选用坭兴陶壶来冲泡六堡茶，用坭兴陶泡出来的六堡茶，茶汤澈亮，口感柔滑醇厚，涩味尽消。同样，用坭兴陶存放六堡茶，湿热度恰到好处，能使茶叶继续陈化，又不易变质。准备泡茶器具如图7-46所示。

黑茶茶艺

（1）壶：主泡器，用于冲泡茶叶。

（2）公道杯：用于均匀茶汤。

（3）品茗杯：用于品茗。

（4）杯垫：用于摆放杯子。

（5）赏茶荷：用于观赏茶叶外观。

（6）茶拨：用于拨干茶入壶。

（7）壶承：用于承载茶壶。

（8）盖置：用于放置茶壶盖子。

（9）茶巾：用于吸取外溅的茶汁。

（10）随手泡：用于烧水和注水入茶壶冲泡茶叶。

（11）茶洗：用于盛行茶过程中所弃之水。

图 7-46　准备泡茶器具

（二）冲泡流程

六堡茶茶艺（壶泡法）茶艺流程一共有 11 个步骤。

1. 行礼

入座时，身体放松，端坐于凳子 1/2 到 2/3 处，使身体重心居中，保持平稳。女士头部上顶，下颌微收，双脚并拢，切忌两腿分开，双脚可向前微伸，双手可交叉相叠（右手在上，左手在下）置于身体正前方，或双手竖握空拳置于身体两侧桌面，同时腋下应保留与身体一个拳头的距离，便于操作。男士头部上顶，下颌微收，双脚打开与肩齐宽，双手竖握空拳置于身体两侧桌面，同时腋下应保留与身体一个拳头的距离，便于操作。行礼时切忌过快或过慢。行礼表示茶艺展示的开始，如图 7-47 所示。

图 7-47　行礼

2. 翻杯

依次翻杯，注意每个品茗杯的高度应一致，直起直落，气韵连贯，品茗杯若有花色可将有花色的一面朝向客人，如图 7-48 所示。

图 7-48　翻杯

3. 取茶、赏茶

双手取茶叶罐，右手内旋将茶叶罐打开，并取出茶拨，将茶叶罐中的茶叶轻轻拨入赏茶荷，切忌折断干茶，将茶叶罐盖好，放回原处。双肘打开，双手平托赏茶荷，从左至右供客人欣赏干茶的外形、色泽，感受干茶的香气，赏茶结束将赏茶荷放回原来的位置，如图 7-49 所示。

图 7-49　赏茶

4. 温壶

将茶壶打开，将随手泡中的水以单边定点注水的方式注入茶壶，温完茶壶后依次倒入公道杯及品茗杯中，如图 7-50 所示。

图 7-50　温壶

5. 置茶

用茶拨将赏茶荷中的茶叶拨入壶中待泡，茶水比约为每 30ml 的容量用茶 1g，如图 7-51 所示。

图 7-51　置茶

6. 醒茶

将沸水沿壶口注入，切忌直冲壶心，最后将洗茶水倒入水盂中，如图 7-52 所示。

图 7-52 醒茶

7. 温杯

温润茶杯，提高茶杯的温度，以便更好地保持茶的温度、香气与滋味，如图 7-53 所示。

图 7-53 温杯

8. 冲泡

单边定点注水冲泡，冲泡时应注意水量及出汤时间，如图 7-54 所示。

图 7-54　单边定点注水冲泡

9. 匀汤分茶

将茶壶中的茶汤倒入公道杯中，将品茗杯中的水倒入水盂，再将茶汤依次倒至品茗杯中，每杯要求斟至七分满，如图 7-55 所示。

图 7-55　匀汤分茶

10. 奉茶

奉茶时，双手持杯垫托起茶杯送出，与眉齐高。或行伸掌礼，请宾客用茶，如图 7-56 和图 7-57 所示。

图 7-56　奉茶（1）

图 7-57　奉茶（2）

11. 行礼

行茶结束后，行礼，如图 7-58 所示。

图 7-58　行礼

五、实训考核

黑茶茶艺考核评分表如表 7-8 所示。

表 7-8　黑茶茶艺考核评分表

班级：　　　　　姓名：　　　　　测试时间：　　　　　总分：

序号	项目	分值分配	要求和评分标准	扣分标准	扣分	得分
1	礼仪仪表仪容（15分）	5	发型、服饰端庄自然	发型、服饰尚端庄自然，扣0.5分； 发型、服饰欠端庄自然，扣1分； 其他因素扣分		
		5	形象自然、得体，优雅，表情自然，具有亲和力	表情木讷，眼神无恰当交流，扣0.5分； 神情恍惚，表情紧张，不自如，扣1分； 妆容不当，扣1分； 其他因素扣分		
		5	动作、手势、站立姿、坐姿、行姿端正得体	坐姿、站姿、行姿尚端正，扣1分； 坐姿、站姿、行姿欠端正，扣2分； 手势中有明显多余动作，扣1分； 其他因素扣分		
2	茶席布置（10分）	5	器具功能、质地、形状、色彩与茶类协调	茶具色彩欠协调，扣0.5分； 茶具配套不齐全，或有多余，扣1分； 茶具之间质地、形状不协调，扣1分； 其他因素扣分		
		5	器具布置与排列有序、合理	茶具、席面欠协调，扣0.5分； 茶具、席面布置不协调，扣1分； 其他因素扣分		

表7-8(续)

序号	项目	分值分配	要求和评分标准	扣分标准	扣分	得分
3	茶艺演示（35分）	15	冲泡程序契合茶理，投茶量适宜，水温、冲水量及时间把握合理	冲泡程序不符合茶性，洗茶，扣3分； 不能正确选择所需茶叶，扣1分； 选择水温与茶叶不相适宜，过高或过低，扣1分； 水量过多或太少，扣1分； 其他因素扣分		
		10	操作动作适度、顺畅、优美，过程完整，形神兼备	操作过程完整顺畅，尚显艺术感，扣0.5分； 操作过程完整，但动作紧张、僵硬，扣1分； 操作基本完成，有中断或出错二次以下，扣2分； 未能连续完成，有中断或出错三次以上，扣3分； 其他因素扣分		
		5	泡茶、奉茶姿势优美、端庄，言辞恰当	奉茶姿态不端正，扣0.5分； 奉茶次序混乱，扣0.5分； 不行礼，扣0.5分； 其他因素扣分		
		5	布局有序合理，收具有序，完美结束	布具、收具欠有序，茶具摆放欠合理，扣0.5分； 布具、收具顺序混乱，茶具摆放不合理，扣1分； 离开演示台时，走姿不端正，扣0.5分； 其他因素扣分		
4	茶汤质量（35分）	25	茶的色、香、味等特性表达充分	未能表达出茶色、香、味其一者，扣5分； 未能表达出茶色、香、味其二者，扣8分； 未能表达出茶色、香、味其三者，扣10分； 其他因素扣分		
		5	所奉茶汤温度适宜	温度略感不适，扣1分； 温度过高或过低，扣2分； 其他因素扣分		
		5	所奉茶汤适量	过多（溢出茶杯杯沿）或偏少（低于茶杯1/2），扣1分； 各杯不均，扣1分； 其他扣分因素		
5	时间（5分）	5	在6~10min内完成茶艺演示	误差1~3min，扣1分； 误差3~5min，扣2分； 超过规定时间5min，扣5分； 其他因素扣分		
总分	100					

任务五 白茶茶艺

一、实训要求

通过本任务的学习，要求学生：
· 掌握正确的盖碗、温盖碗、温杯、投茶等手法；
· 掌握环注、侧边定点注水、匀汤分茶、奉茶等技巧；
· 掌握规范得体的操作流程及典雅大方的动作要领，能进行富有艺术性的完美展示。

二、实训基本知识

白茶是中国六大茶类之一。白茶至今已经有了 1 000 多年的历史。白茶属于轻微发酵茶类，主产于福建的福鼎、郑和、建阳、松溪等县。传统的白茶加工工艺仅有萎凋和干燥两道工序，其特殊的加工工艺及独特的风味使白茶在国内外市场享有盛名，畅销海内外。

白茶具有嫩芽肥大、毫多的特点。根据采制原料的不同，白茶可分为白芽茶和白叶茶两类。白芽茶中较为著名的有白毫银针，白叶茶主要有白牡丹、贡眉、寿眉等。因白茶毫多细嫩的特点，一般采用白瓷盖碗进行冲泡，冲泡水温不宜过高。陈年的老白茶可以选择壶冲泡，亦可采用煮的方式，能更好地展现其色香味。

三、实训器材

白茶茶艺实训器材如表7-9所示。

表7-9 白茶茶艺实训器材

物品名称	数量/件
盖碗	1
公道杯	1
品茗杯	3
茶杯垫	3
赏茶荷	1
茶巾	1
随手泡	1
茶拨	1
茶洗	1

四、实训环节

根据表 7-9 的要求，准备好实训器具，按照冲泡流程分组开展实训。

(一) 准备泡茶器具

(1) 盖碗：主泡器，用于冲泡白茶所用。

(2) 公道杯：均匀茶汤所用。

(3) 品茗杯：品尝白茶。

(4) 茶杯垫：用于摆放品茗杯。

(5) 赏茶荷：用于观赏茶叶外观。

(6) 茶巾：用于吸取外溅的茶汁。

(7) 随手泡：用于烧水和冲泡茶叶。

(8) 茶拨：用于取茶与投茶。

(9) 茶洗：用于盛泡茶过程中产生的废弃茶水。

(二) 冲泡流程

白茶盖碗泡法流程一共有 12 个步骤。

1. 布具

准备好冲泡白毫银针所需要的茶器具及开水，依次摆开，便于行茶操作，如图 7-59 所示。

图 7-59　备具

2. 入座

行礼入座时，身体放松，端坐于凳子 1/2 到 2/3 处，使身体重心居中，保持平稳。女士头部上顶，下颌微收，双脚并拢，切忌两腿分开，双脚可向前微伸，双手可交叉相叠（右手在上，左手在下）置于身体正前方，或双手竖握空拳置于身体两侧桌面，同时腋下应保留与身体一个拳头的距离，便于操作。男士头部上顶，下颌微收，双脚打开与肩齐宽，双手竖握空拳置于身体两侧桌面，同时腋下应保留与身体一个拳头的距离，便于操作。行礼时切忌过快或过慢。行礼表示茶艺展示的开始，如图 7-60 所示。

图 7-60　行礼

3. 翻杯

依次翻杯，注意每个品茗杯的高度一致，直起直落，气韵连贯，品茗杯若有花色可将有花色的一面朝向客人，如图 7-61 所示。

图 7-61　翻杯

4. 取茶、赏茶

双手取茶叶罐，右手内旋将茶叶罐打开，并取出茶拨，将茶叶罐中的茶叶轻轻拨入赏茶荷，切忌折断干茶，最后将茶叶罐盖好，放回原处。双肘打开，双手平托赏茶荷，从左至右供客人欣赏干茶的外形、色泽，感受干茶的香气，赏茶结束将赏茶荷放回原来的位置，如图 7-62 所示。

图 7-62　赏茶

5. 温盖碗

打开盖碗，将盖碗的盖子反至于盖碗上，将随手泡中的水以环注的方式注入盖碗盖中，温完盖碗依次倒入公道杯及品茗杯中，如图 7-63 所示。

图 7-63　温盖碗

6. 置茶

用茶拨将赏茶荷中的茶叶拨入盖碗中待泡，茶水比约为每 30ml 的容量用茶 1g，可根据个人喜好进行调整，如图 7-64 所示。

图 7-64　置茶

7. 醒茶

将 90℃左右的水沿盖碗边沿注入，切忌直冲盖碗中心，起到醒茶提香的作用，如图 7-65所示。

图 7-65　醒茶

8. 冲泡

单边定点注水或者环注冲泡，冲泡时应注意水量及出汤时间，如图 7-66 所示。

图 7-66　冲泡

9. 温杯

温润茶杯，提高茶杯的温度，以更好地保持茶的温度、香气与滋味，如图 7-67 所示。

图 7-67　温杯

10. 匀汤分茶

将茶壶中的茶汤倒入公道杯中，将品茗杯中的水倒入水盂，再将茶汤依次倒至品茗杯中，每杯要求斟至七分满，如图 7-68 所示。

图 7-68　匀汤分茶

11. 奉茶

奉茶时，双手持杯垫托起茶杯送出，与眉齐高，如图 7-69 所示。

图 7-69　奉茶

12. 行礼

行茶结束后，行礼，如图 7-70 所示。

图 7-70　行礼

五、实训考核

白茶茶艺考核评分表如表 7-10 所示。

表 7-10　白茶茶艺考核评分表

班级：　　　　姓名：　　　　测试时间：　　　　总分：

序号	项目	分值分配	要求和评分标准	扣分标准	扣分	得分
1	礼仪仪表仪容（15分）	5	发型、服饰端庄自然	发型、服饰尚端庄自然，扣0.5分； 发型、服饰欠端庄自然，扣1分； 其他因素扣分		
		5	形象自然、得体、优雅，表情自然，具有亲和力	表情木讷，眼神无恰当交流，扣0.5分； 神情恍惚，表情紧张不自如，扣1分； 妆容不当，扣1分； 其他因素扣分		
		5	动作、手势、站立姿、坐姿、行姿端正得体	坐姿、站姿、行姿尚端正，扣1分； 坐姿、站姿、行姿欠端正，扣2分； 手势中有明显多余动作，扣1分； 其他因素扣分		

表7-10(续)

序号	项目	分值分配	要求和评分标准	扣分标准	扣分	得分
2	茶席布置 (10分)	5	器具选配功能、质地、形状、色彩与茶类协调	茶具色彩欠协调,扣0.5分; 茶具配套不齐全,或有多余,扣1分; 茶具之间质地、形状不协调,扣1分; 其他因素扣分		
		5	器具布置与排列有序、合理	茶具、席面欠协调,扣0.5分; 茶具、席面布置不协调,扣1分; 其他因素扣分		
3	茶艺演示 (35分)	15	冲泡程序契合茶理,投茶量适宜,水温、冲水量及时间把握合理	冲泡程序不符合茶性,洗茶,扣3分; 不能正确选择所需茶叶扣1分; 选择水温与茶叶不相适宜,过高或过低,扣1分; 水量过多或太少,扣1分; 其他因素扣分		
		10	操作动作适度、顺畅、优美,过程完整,形神兼备	操作过程完整顺畅,尚显艺术感,扣0.5分; 操作过程完整,但动作紧张、僵硬,扣1分; 操作基本完成,有中断或出错二次以下,扣2分; 未能连续完成,有中断或出错三次以上,扣3分; 其他因素扣分		
		5	泡茶、奉茶姿势优美端庄,言辞恰当	奉茶姿态不端正,扣0.5分; 奉茶次序混乱,扣0.5分; 不行礼,扣0.5分; 其他因素扣分		
		5	布局有序合理,收具有序,完美结束	布具、收具欠有序,茶具摆放欠合理,扣0.5分; 布具、收具顺序混乱,茶具摆放不合理,扣1分; 离开演示台时,走姿不端正,扣0.5分; 其他因素扣分		
4	茶汤质量 (35分)	25	茶的色、香、味等特性表达充分	未能表达出茶色、香、味其一者,扣5分; 未能表达出茶色、香、味其二者,扣8分; 未能表达出茶色、香、味其三者,扣10分; 其他因素扣分		
		5	所奉茶汤温度适宜	温度略感不适,扣1分; 温度过高或过低,扣2分; 其他因素扣分		
		5	所奉茶汤适量	过多(溢出茶杯杯沿)或偏少(低于茶杯1/2),扣1分; 各杯不均,扣1分; 其他扣分因素		
5	时间 (5分)	5	在6~10min内完成茶艺演示	误差1~3min,扣1分; 误差3~5min,扣2分; 超过规定时间5min,扣5分; 其他因素扣分		
总分	100					

任务六　黄茶茶艺

一、实训要求

通过本任务的学习，要求学生：
- 掌握润杯、等量投茶等技巧；
- 掌握规范、正确、优雅、得体的行茶过程，并能够互相点评、纠正错误。

二、实训基本知识

根据原料芽叶的大小以及细嫩程度，黄茶可分为黄芽茶（较为有名的有君山银针、蒙顶黄芽）、黄小茶以及黄大茶。因为芽叶较为细嫩，黄茶一般采用玻璃杯冲泡方法，不需要洗茶，冲泡水温应控制在80℃左右。

三、实训器材

黄茶茶艺实训器材如表7-11所示。

表7-11　黄茶茶艺实训器材

物品名称	数量/件
200ml 厚底无印花玻璃杯	3
玻璃杯垫	3
茶道组	1
水盂	1
赏茶荷	1
茶叶罐	1
茶盘	1
茶巾	1
玻璃提梁壶	1

四、实训环节

根据表7-11的要求，准备好实训器具，按照冲泡流程分组开展实训。

（一）准备泡茶器具

准备操作所需的实训器材：茶叶罐1个、200ml厚底玻璃杯1个、玻璃杯垫3个、玻璃提梁壶 1 把、水盂 1 个、赏茶荷 1 个、茶拨 1 个、茶巾 1 张、长方形茶盘 1 个。保持茶具的干燥，切忌有水的存在。在操作过程中茶具中有水容易导致手滑，洒漏茶汤或打碎茶具。

为保证操作的便利和演示的美观，在茶盘中选择合适的位置摆放。

（二）冲泡流程

黄茶艺流程一共有 11 个步骤。

1. 布具

将茶盘放置在凳子的正前方，并留有一定的空间用于摆放茶巾；双手将提梁壶放置于茶盘右侧 1/2 的位置，壶嘴朝左上方成 45°；双手将水盂放置在提梁壶的后面，从水盂中依次取出叠好的茶巾置于身前桌面，赏茶荷、茶拨放置于茶巾左侧；取出茶叶罐放置于茶盘左侧，将玻璃杯调整成一条斜线，与茶盘对角线一致，如图 7-71 所示。

黄茶茶艺

图 7-71　布具

2. 行礼入座

入座时，身体放松，端坐于凳子 1/2 到 2/3 处，使身体重心居中，保持平稳。女士头部上顶，下颌微收，双脚并拢，切忌两腿分开，双脚可向前微伸，双手可交叉相叠（右手在上，左手在下）置于身体正前方，或双手竖握空拳置于身体两侧桌面，同时腋下应保留与身体一个拳头的距离，便于操作。男士头部上顶，下颌微收，双脚打开与肩齐宽，双手竖握空拳置于身体两侧桌面，同时腋下应保留与身体一个拳头的距离，便于操作。行礼时切忌过快或过慢。行礼表示茶艺展示的开始。

3. 翻杯

从左至右将事先扣放在茶盘上的玻璃杯逐个翻转过来，注意每个玻璃杯的高度一致，直起直落，气韵连贯，如图 7-72 所示。

图 7-72　翻杯

4. 取茶、赏茶

双手取茶叶罐，右手内旋将茶叶罐打开，并取出茶拨，将茶叶罐中的茶叶轻轻拨入赏茶荷，切忌折断干茶，最后并将茶叶罐盖好，放回原处，如图 7-73 所示。

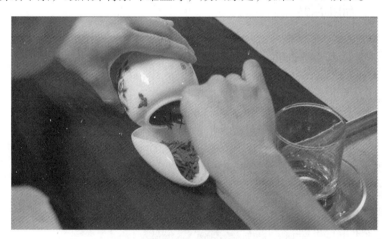

图 7-73　取茶

双肘打开，双手平托赏茶荷，从左至右供客人欣赏干茶的外形、色泽，感受干茶的香气，赏茶结束后将赏茶荷放置原来的位置，如图 7-74 所示。

图 7-74　赏茶

5. 温杯

从左至右一次性注入 1/3 杯的开水，双手持杯至胸前，左手托杯底，右手握杯身，将玻璃杯朝左倾斜，杯中水接近杯口位置，逆时针轻轻旋转杯身两圈，将废水倒入水盂中，玻璃杯放回原位，如图 7-75 所示。

图 7-75　温杯

6. 置茶

用茶拨将赏茶荷中的茶叶依次等量拨入杯中待泡（下投法），每 50ml 容量用茶 1g，如图 7-76 所示。

图 7-76　置茶

7. 润茶摇香

用回转斟水法依次将随手泡中的水注入杯中，浸没注茶叶即可，注意开水不要直浇在茶叶上，应打在玻璃杯内壁上，以免烫伤茶叶。双手持杯至胸前，左手托杯底，右手握杯身，逆时针方向旋转三圈润茶摇香，可以一圈慢两圈快，如图 7-77 和图 7-78 所示。

图 7-77　润茶

图 7-78 摇香

8. 冲泡

执随手泡，以单边定点将水倾入或"凤凰三点头"一次性将玻璃杯中的水注到七分满即可，如图 7-79 所示。

图 7-79 冲泡

9. 奉茶

将冲泡好的黄茶在茶盘中调整成品字形，起身，往左跨一步，端起茶盘奉茶。奉茶时先行礼，再奉茶，右手持杯垫，将茶放在客人前面，茶放好后，向客人行伸掌礼，做出"请"的手势，或说"您好，请用茶"，再行礼，如图 7-80 所示。

图 7-80 奉茶

10. 收具

奉茶完毕，将茶盘放至桌面，依次（顺时针或者逆时针）将桌面上的茶具收入茶盘中。

11. 行礼

再次行礼表示茶艺表演结束。行礼结束，撤回茶具。

五、实训考核

黄茶茶艺考核评分表如表 7-12 所示。

表 7-12 黄茶茶艺考核评分表

班级： 姓名： 测试时间： 总分：

序号	项目	分值分配	要求和评分标准	扣分标准	扣分	得分
1	礼仪仪表仪容（15分）	5	发型、服饰端庄自然	发型、服饰尚端庄自然，扣0.5分； 发型、服饰欠端庄自然，扣1分； 其他因素扣分		
		5	形象自然、得体、优雅，表情自然，具有亲和力	表情木讷，眼神无恰当交流，扣0.5分； 神情恍惚，表情紧张不自如，扣1分； 妆容不当，扣1分； 其他因素扣分		
		5	动作、手势、站立姿、坐姿、行姿端正得体	坐姿、站姿、行姿尚端正，扣1分； 坐姿、站姿、行姿欠端正，扣2分； 手势中有明显多余动作，扣1分； 其他因素扣分		

表7-12(续)

序号	项目	分值分配	要求和评分标准	扣分标准	扣分	得分
2	茶席布置（10分）	5	器具功能、质地、形状、色彩与茶类协调	茶具色彩欠协调，扣0.5分；茶具配套不齐全，或有多余，扣1分；茶具之间质地、形状不协调，扣1分；其他因素扣分		
		5	器具布置与排列有序、合理	茶具、席面欠协调，扣0.5分；茶具、席面布置不协调，扣1分；其他因素扣分		
3	茶艺演示（35分）	15	冲泡程序契合茶理，投茶量适宜，水温、冲水量及时间把握合理	冲泡程序不符合茶性，洗茶，扣3分；不能正确选择所需茶叶，扣1分；选择水温与茶叶不相适宜，过高或过低，扣1分；水量过多或太少，扣1分；其他因素扣分		
		10	操作动作适度、顺畅、优美，过程完整，形神兼备	操作过程完整顺畅，尚显艺术感，扣0.5分；操作过程完整，但动作紧张僵硬，扣1分；操作基本完成，有中断或出错二次以下，扣2分；未能连续完成，有中断或出错三次以上，扣3分；其他因素扣分		
		5	泡茶、奉茶姿势优美端庄，言辞恰当	奉茶姿态不端正，扣0.5分；奉茶次序混乱，扣0.5分；不行礼，扣0.5分；其他因素扣分		
		5	布局有序合理，收具有序，完美结束	布具、收具欠有序，茶具摆放欠合理，扣0.5分；布具、收具顺序混乱，茶具摆放不合理，扣1分；离开演示台时，走姿不端正，扣0.5分；其他因素扣分		
4	茶汤质量（35分）	25	茶的色、香、味等特性表达充分	未能表达出茶色、香、味其一者，扣5分；未能表达出茶色、香、味其二者，扣8分；未能表达出茶色、香、味其三者，扣10分；其他因素扣分		
		5	所奉茶汤温度适宜	温度略感不适，扣1分；温度过高或过低，扣2分；其他因素扣分		
		5	所奉茶汤适量	过多（溢出茶杯杯沿）或偏少（低于茶杯1/2），扣1分；各杯不均，扣1分；其他因素扣分		
5	时间（5分）	5	在6~10min内完成茶艺演示	误差1~3min，扣1分；误差3~5min，扣2分；超过规定时间5min，扣5分；其他因素扣分		
总分	100					

任务七　花茶茶艺

一、实训要求

通过本任务的学习，要求学生：

· 掌握泡茶所需器具及要求，掌握润杯、投茶、润茶、摇香、定点和回旋冲泡手法；
· 掌握规范正确、优雅得体的行茶过程，能进行富有艺术性的完美展示。

二、实训基本知识

茉莉花茶又叫茉莉香片，属于花茶类。它是用绿茶做茶坯，用茉莉鲜花窨制而成。茶引花香，花增茶味，茉莉花茶有"窨得茉莉无上味，列作人间第一香"的美誉。茉莉花茶发源地为福建福州，在清朝时被列为贡品，有150多年历史。

茉莉花茶是将茶叶和茉莉鲜花进行拼和、窨制，使茶叶吸收花香而成的茶叶。其香气鲜灵持久、滋味醇厚鲜爽、汤色黄绿明亮、叶底嫩匀柔软。经过一系列工艺流程窨制而成的茉莉花茶，具有安神、解抑郁、健脾理气、抗衰老、提高机体免疫力的功效，是一种健康饮品。

盖碗泡茉莉花茶茶艺在茶艺展示中运用广泛，其表演形式极富美感，是茶艺表演中常用的一种茶艺展示形式。通过对茉莉花茶茶艺的学习，熟练掌握茉莉花茶茶艺中的茶量、水温、出汤时间和泡茶的技法，以及行茶规范和美感，在完美展现茉莉花色香味的同时给人以艺术的享受。

三、实训器材

茉莉花茶茶艺实训器材如表7-13所示。

表7-13　茉莉花茶茶艺实训器材

物品名称	数量/件
盖碗	3
茶道组	1
赏茶荷	1
茶叶罐	1
茶盘	1
茶巾	1
玻璃提梁壶	1

四、实训环节

根据表 7-13 的要求准备好实训器具，按照冲泡流程分组开展实训。茉莉花茶冲泡器具如图 7-81 所示。

（一）准备泡茶器具

我们选用白瓷盖碗来冲泡茉莉花茶，能够更好地观赏茶叶的外观和色泽。

（1）盖碗，又称"三才杯"，盖为天、碗为人、托为地，暗含天地人和之意。

茉莉花茶茶艺

（2）茶道组，又称为"茶道六君子"，是进行茶道的一组器具。

（3）茶叶罐，用于储存茶叶。

（4）赏茶荷，用于观赏茶叶外观。

（5）茶巾，用于吸取外溅的茶汁。

（6）茶盘，用于盛放泡茶器具。

（7）随手泡，用于烧水和冲泡茶叶。

图 7-81 茉莉花茶冲泡器具

（二）冲泡流程

盖碗泡茉莉花茶茶艺流程一共有 8 个步骤。

1. 鉴赏佳茗

用茶拨将茶叶从茶叶罐中取出放入赏茶荷。用赏茶荷盛放茶叶，在冲泡前邀请客人鉴赏茶叶外观并向客人介绍茶叶特点，如图 7-82 所示。

图 7-82　鉴赏佳铭

2. 翻盏净具

　　用茶针将杯盖轻轻翻开，用沸水逐一烫洗原本干净的盖碗，做到器具冰清玉洁，纤尘不染。同时提高器具温度，促使茶味迅速浸出，表达茶艺师对客人的尊敬之意，如图 7-83和图 7-84 所示。

图 7-83　翻盏净具（1）

图 7-84　翻盏净具（2）

3. 浸润杯具

打开杯盖放于杯托上，双手捧住杯子下部，逆时针转动，让热水充分浸润整个杯壁，将水倒掉。经过充分浸润的杯子，受热均匀，温度提升，如图 7-85 所示。

图 7-85　浸润杯具

4. 佳铭入瓯

用茶匙把茉莉花茶从赏茶荷中拨进洁白如玉的茶杯，茶叶飘然而下，恰似"落英缤纷"。茶叶的投放量一般为 2~3g，如图 7-86 所示。

图 7-86　佳铭入瓯

5. 甘露润莲心

向茶杯中注入少许热水，水温约 95℃，起到润茶的作用，使茶香更好地散发，如图 7-87所示。

图 7-87　甘露润莲心

6. 摇香浸润

盖上杯盖，左手拿起盖碗，右手按住杯钮，逆时针缓慢转动，使茶叶充分浸润，舒展开来，进一步散发茶香，如图 7-88 所示。

图 7-88　摇香浸润

7. 飞泉溅珠

打开杯盖，用随手泡（茶壶）逆时针内旋一圈后拉高冲茶，使茶叶在杯中上下翻滚，茶汤回荡，花香飘溢。一般冲水至八分满为止，随即盖上杯盖，以防香气散失，如图 7-89所示。

图 7-89　飞泉溅珠

8. 敬献佳茗

"三才化育甘露美，一盏香茗逢知己"。敬茶时应双手捧杯，举杯齐眉，注目宾客并行伸手礼，如图 7-90 和图 7-91 所示。

图 7-90 敬献佳茗（1）

图 7-91 敬献佳茗（2）

（三）知识要点

（1）鉴赏佳铭：在冲泡前邀请客人鉴赏茶叶外观并向客人介绍茶叶特点。

（2）翻盏净具：用沸水烫洗原本干净的盖碗，提高器具温度。

（3）浸润杯具：逆时针转动杯子，让热水充分浸润整个杯壁。

（4）佳铭入瓯：茶叶的投放量根据杯子的大小决定，一般为 2~3g。

（5）甘露润莲心：润茶，水温根据茶叶的老嫩程度决定，一般为 95℃。

（6）摇香浸润：逆时针缓慢转动，使茶叶充分浸润，舒展。

（7）飞泉溅珠：逆时针内旋一圈后拉高冲茶，茶汤回荡。

（8）敬献佳茗：双手捧杯，举杯齐眉。

五、实训考核

茉莉花茶茶艺考核评分表如表7-14所示。

表7-14 茉莉花茶茶艺考核评分表

班级：　　　　　　姓名：　　　　　　测试时间：　　　　　　总分：

序号	项目	分值分配	要求和评分标准	扣分标准	扣分	得分
1	礼仪仪表仪容（15分）	5	发型、服饰端庄自然	发型、服饰尚端庄自然，扣0.5分； 发型、服饰欠端庄自然，扣1分； 其他因素扣分		
		5	形象自然、得体、优雅，表情自然，具有亲和力	表情木讷，眼神无恰当交流，扣0.5分； 神情恍惚，表情紧张不自如，扣1分； 妆容不当，扣1分； 其他因素扣分		
		5	动作、手势、站立姿、坐姿、行姿端正得体	坐姿、站姿、行姿尚端正，扣1分； 坐姿、站姿、行姿欠端正，扣2分； 手势中有明显多余动作，扣1分； 其他因素扣分		
2	茶席布置（10分）	5	器具选配功能、质地、形状、色彩与茶类协调	茶具色彩欠协调，扣0.5分； 茶具配套不齐全，或有多余，扣1分； 茶具之间质地、形状不协调，扣1分； 其他因素扣分		
		5	器具布置与排列有序、合理	茶具、席面欠协调，扣0.5分； 茶具、席面布置不协调，扣1分； 其他因素扣分		
3	茶艺演示（35分）	15	冲泡程序契合茶理，投茶量适宜，水温、冲水量及时间把握合理	冲泡程序不符合茶性，洗茶，扣3分； 不能正确选择所需茶叶，扣1分； 选择水温与茶叶不相适宜，过高或过低，扣1分； 水量过多或太少，扣1分； 其他因素扣分		
		10	操作动作适度、顺畅、优美，过程完整，形神兼备	操作过程完整顺畅，尚显艺术感，扣0.5分； 操作过程完整，但动作紧张、僵硬，扣1分； 操作基本完成，有中断或出错二次以下，扣2分； 未能连续完成，有中断或出错三次以上，扣3分； 其他因素扣分		
		5	泡茶、奉茶姿势优美、端庄，言辞恰当	奉茶姿态不端正，扣0.5分； 奉茶次序混乱，扣0.5分； 不行礼，扣0.5分； 其他因素扣分		
		5	布具有序、合理，收具有序，完美结束	布具、收具欠有序，茶具摆放欠合理，扣0.5分； 布具、收具顺序混乱，茶具摆放不合理，扣1分； 离开演示台时，走姿不端正，扣0.5分； 其他因素扣分		

表7-14(续)

序号	项目	分值分配	要求和评分标准	扣分标准	扣分	得分
4	茶汤质量（35分）	25	茶的色、香、味等特性表达充分	未能表达出茶色、香、味其一者，扣5分； 未能表达出茶色、香、味其二者，扣8分； 未能表达出茶色、香、味其三者，扣10分； 其他因素扣分		
		5	所奉茶汤温度适宜	温度略感不适，扣1分； 温度过高或过低，扣2分； 其他因素扣分		
		5	所奉茶汤适量	过多（溢出茶杯杯沿）或偏少（低于茶杯1/2），扣1分； 各杯不均，扣1分； 其他扣分因素		
5	时间（5分）	5	在6~10min内完成茶艺演示	误差1~3min，扣1分； 误差3~5min，扣2分； 超过规定时间5min，扣5分； 其他因素扣分		
总分	100					

项目八　特色茶艺

导入语

中国茶文化在传播过程中，与当地民俗文化相融合，形成了独具特色的国内外民俗茶艺。

本项目将带你领略国内外民俗茶艺的魅力。

任务一　油茶民俗茶艺

一、实训要求

通过本任务的学习，要求学生：

·掌握泡茶所需器具及要求，掌握油茶民俗茶艺的基本步骤；

·掌握规范正确、优雅得体的行茶过程，能进行富有艺术性的完美展示。

二、实训基本知识

（一）油茶民俗

打油茶亦称"吃豆茶"，是我国瑶族、侗族、苗族等少数民族的饮茶习俗，流行于广西、贵州、湖南等地。在广西少数民族聚居的地区，有着不同类型的油茶习俗，如灌阳油茶、平乐油茶等。油茶具有香、酥等特点，能提神醒脑，帮助消化。

恭城油茶以其独特的风格和深厚的文化底蕴于 2008 年被列入第二批广西非物质文化遗产保护名录。恭城油茶具有色泽金黄、香气浓郁、滋味浓醇、辛辣回甘、营养丰富等特点，常饮能提神醒脑，治病补身。恭城油茶不仅是恭城瑶族民众的第一主食，也是侗族、瑶族等少数民族招待外来客人的美食，如果家里有客人来那么他们就会热情地奉上一碗油茶，以示热情和尊重。饮用油茶，既可品尝这一独特风味，又能领略一番少数民族同胞的待客风情。

桂北地区的侗族民众，有家家打油茶、人人喝油茶的习惯。一日三餐，必不可少，早餐前吃的称为早餐茶，午饭前吃的称为晌午茶，晚餐前吃的称为宵夜茶。侗族老人说，他们祖祖辈辈种油茶树，家家户户榨有一缸一缸的茶油，有油就可以打油茶。侗族人民世世代代居住在高寒山区，喝油茶能御寒防病。习惯成自然，打油茶便成为侗族人民代代相传的重要习俗。

（二）恭城油茶民俗茶艺要领

（1）选茶：可以是散茶，也可以是饼茶。恭城油茶必须选用"谷雨茶"，一定要在清明至谷雨采摘，要求芽叶肥壮。

（2）选料：多选用侗族人民日常生活中的食材，也可以是糯米圆子、糍粑、虾米、鱼仔、猪肝、粉肠等。

（3）炒料：可以添加花生、黄豆、玉米等副食品炒制。

（4）煮茶：每锅茶水煮多煮少，依饮茶的人数而定，以每人每轮半小碗为准，一般是"三咸一甜"（三碗放盐的茶水、一碗放糖的汤圆茶水）。

（5）喝茶：双手捧杯，举杯奉茶。

（三）常用民俗茶艺解说词

过年回家，走在弯弯曲曲的山路上，寨子里，又飘来油茶香。记得小时候，油茶的浓香总是和清晨的阳光一起把我从睡梦中唤起。妈妈把打好的油茶温在火塘旁，早早就出门干农活了。吃几口旧饭，喝几口油茶，就是童年里最香的早餐。逢年过节，烤粑粑，打油茶，就是瑶家人待客最好的方式。

伴随油茶香长大的瑶家人，都能打得一手好油茶。"几根木柴烧成火，一碗油茶暖心窝"。打油茶，讲究"水开油多锅头赖"，恭城油茶，素有"一碗苦，二碗呷，三碗四碗好油茶"的美誉。它那先苦后甘的滋味，就是如今瑶乡人的生活写照。

茶是故乡浓，不管走到哪里，故乡那碗香醇的油茶，总是温暖到心怀。

三、实训器材

侗族油茶民俗茶艺实训器材如表8-1所示。

表8-1 侗族油茶民俗茶艺实训器材

物品名称	数量
铁锅	1件
茶滤	1件
汤勺	1件
绿茶茶叶	15g
佐料：山茶油、米花、油果、花生、葱花、香菜、盐	适量
电炉	1件
油茶碗、勺	1件

四、实训环节

明确分组及任务，并从实训室器材中挑选出适当的茶具、铺垫物及铺垫方式等，按照冲泡流程分组开展实训。

1. 选茶

打油茶所用的茶叶是当地出产的大叶茶，采摘粗老的鲜叶，经过摊晾，杀青，晒青等关键步骤形成的成品，如图 8-1 所示。

图 8-1　选茶

2. 选料

侗族人民打油茶的佐料十分丰富，可以是山茶油、米花、油果、花生、葱花、香菜，还可以是糯米圆子、糍粑、虾米、鱼仔、猪肝、粉肠等，如图 8-2 所示。

图 8-2　选料

3. 炒米花

米花的原料俗称阴米，即煮好后晒干的糯米饭。用热油将阴米爆成米花，备用，如图 8-3 和图 8-4 所示。炒花生等佐料备用。

图 8-3　炒米花（1）

图 8-4　炒米花（2）

4. 煮茶

先把山茶油放入锅里加热，放入大米、茶叶、姜、蒜等炒至冒烟，当茶叶散发浓郁的茶香时，槌打茶叶和配料，倒入清水煮开，用茶滤将茶汤滤出，如图 8-5 所示。

图 8-5　煮茶

5. 喝茶

侗族人民喝油茶多围坐而食，十分热闹。将适量葱、香菜放入碗里，将滚烫的茶叶冲入其中，再依个人口味加入花生、粿子等食物。一碗香喷喷的油茶就做好了！

五、实训考核

油茶茶艺考核评分表如表 8-2 所示。

表 8-2　油茶茶艺考核评分表

班级：　　　　　姓名：　　　　　测试时间：　　　　　总分：

序号	项目	分值分配	要求和评分标准	扣分标准	扣分	得分
1	礼仪仪表仪容（15分）	5	发型、服饰端庄自然	发型、服饰尚端庄自然，扣0.5分； 发型、服饰欠端庄自然，扣1分； 其他因素扣分		
		5	形象自然、得体、优雅，表情自然，具有亲和力	表情木讷，眼神无恰当交流，扣0.5分； 神情恍惚，表情紧张不自如，扣1分； 妆容不当，扣1分； 其他因素扣分		
		5	动作、手势、站立姿、坐姿、行姿端正得体	坐姿、站姿、行姿尚端正，扣1分； 坐姿、站姿、行姿欠端正，扣2分； 手势中有明显多余动作，扣1分； 其他因素扣分		

表8-2(续)

序号	项目	分值分配	要求和评分标准	扣分标准	扣分	得分
2	茶席布置（10分）	5	器具选配功能、质地、形状、色彩与茶类协调	茶具色彩欠协调，扣0.5分； 茶具配套不齐全，或有多余，扣1分； 茶具之间质地、形状不协调，扣1分； 其他因素扣分		
		5	器具布置与排列有序、合理	茶具、席面布置欠协调，扣0.5分； 茶具、席面布置不协调，扣1分； 其他因素扣分		
3	茶艺演示（35分）	15	冲泡程序契合茶理，投茶量适宜，水温、冲水量及时间把握合理	冲泡程序不符合茶性，洗茶，扣3分； 不能正确选择所需茶叶，扣1分； 选择水温与茶叶不相适宜，过高或过低，扣1分； 水量过多或太少，扣1分； 其他因素扣分		
		10	操作动作适度、顺畅、优美，过程完整、形神兼备	操作过程完整顺畅，尚显艺术感，扣0.5分； 操作过程完整，但动作紧张、僵硬，扣1分； 操作基本完成，有中断或出错二次以下，扣2分； 未能连续完成，有中断或出错三次以上，扣3分； 其他因素扣分		
		5	泡茶、奉茶姿势优美、端庄，言辞恰当	奉茶姿态不端正，扣0.5分； 奉茶次序混乱，扣0.5分； 不行礼，扣0.5分； 其他因素扣分		
		5	布局有序合理，收具有序、完美结束	布具、收具欠有序，茶具摆放欠合理，扣0.5分； 布具、收具顺序混乱，茶具摆放不合理，扣1分； 离开演示台时，走姿不端正，扣0.5分； 其他因素扣分		
4	茶汤质量（35分）	25	茶的色、香、味等特性表达充分	未能表达出茶色、香、味其一者，扣5分； 未能表达出茶色、香、味其二者，扣8分； 未能表达出茶色、香、味其三者，扣10分； 其他因素扣分		
		5	所奉茶汤温度适宜	温度略感不适，扣1分； 温度过高或过低，扣2分； 其他因素扣分		
		5	所奉茶汤适量	过多（溢出茶杯杯沿）或偏少（低于茶杯1/2），扣1分； 各杯不均，扣1分； 其他因素扣分		
5	时间（5分）	5	在6~10min内完成茶艺演示	误差1~3min，扣1分； 误差3~5min，扣2分； 超过规定时间5min，扣5分； 其他因素扣分		
总分	100					

任务二　日本茶道

一、实训要求

通过本任务的学习，要求学生：

· 了解日本茶道所需的器具；

· 懂得日本茶道的展示流程和表现形式；

· 能按照要求进行茶席创新；

· 能按照解说词大意进行流畅解说，以体现日本茶道的特色。

二、实训基本知识

日本茶道是以饮茶为契机，高度艺术化的综合性文化活动方式，内含宗教、哲学、艺术、道德等方面的要素，是日本独特的综合性传统文化之一。日本茶道的源头在中国，8世纪，遣唐使将茶从中国带到日本。9世纪，来往于日本与中国的僧侣们推动了茶在日本的栽培和饮用，并将其推广到上流阶层。1168年和1187年，日本禅师荣西两次来到中国，把茶籽与泡茶技艺带回日本，日本茶道也在模仿中国茶会的基础上发展了起来。公元15世纪，村田珠光正式创立日本茶道，发展了源自禅宗的茶法。其后，千利休推广幽静茶而集茶道之大成，提出"吃一碗茶"的学说，从此确定了日本茶道。之后，日本茶道由诸侯以及千利休的子孙们推广至日本全国。"一碗茶中的和平""一碗茶的友爱"，乃是千利休茶道的内涵所在。

日本茶道经过江户时代，进一步发展成师徒秘传、嫡系相承的形式。到了18世纪，日本茶道的限制就更严格了，继承人只能是长子，代代相传，即"家元制度"。家元制度的建立是日本茶道长盛不衰的重要原因之一。由于日本茶道文化十分复杂，点茶技法不易掌握，因而学习日本茶道非短时间所能完成，需要长年修行。点茶技法由日本各流派的家元来传授，并且除了家元，他人不得做任何改动。有的技法家元只传给自己的儿子或亲近的人，有的技法只有家元才有资格进行表演。

现代日本茶道的流派是由数十个流派组成的，每个流派都推举了自己的家元。最大的流派是以千利休为祖先，其子孙继承发展的"表千家流""里千家流""武者小路千家流"，统称"三千家"。其中又以"里千家流"影响最大。除"三千家"外，日本茶道流派还有"薮内流""乐流""久田流""织部流""南坊流""宗偏流""松尾流""石州流"等。

日本南北朝时期流行的"唐式茶会"（简称"茶会"），内容富有中国情趣和禅宗风趣，最初流行于禅林，不久便在武士阶层中流行起来。

（一）茶会流程

（1）点心。当会众聚集后，请入客殿，飨以点心。点心原是古代一日两餐之间为了安定心神所安排的食品。当时点心中各式各样羹类、饼类、面类都是由来华的僧人带回日本的。客人们互相推让，一切和中国的会餐无异。

（2）点茶。会众吃完点心稍作休息，进入茶亭入座，便举行点茶仪式。正如日本古书记载的"亭主之息另献茶果，梅桃之若冠通建盏，左提汤瓶，右曳茶筅，从上位至末座，献茶次第不杂乱"。

（3）斗茶。点茶以后，为了助兴，玩名为"四种十服茶"的斗茶游戏。玩法是沏好各种各样的茶，大家喝后猜测是否为日本首位产茶地梅尾所产的茶，以定胜负。斗茶之法在中国宋朝就已盛行，日本的斗茶之法源于中国，方法上略有区别。

（4）宴会。在点茶和斗茶之后，撤去茶具，另陈佳肴美酒，重开宴会，伴以歌舞管弦，兴味盎然。

在整个茶会的进行过程中，点茶、斗茶是在茶亭中进行的。茶亭按照中国风格设在风景优美的庭园内，置身于茶亭中可以眺望远方的景色。茶亭的隔扇和墙壁上张挂着名家所绘的人物、花鸟、山水画轴。茶亭的一角围以屏风，设置茶炉煮茶，配以精致的茶具装点其间，在客位、主位的席上陈设胡床、竹格等。

虽然茶会所用的点心、点茶方法、器具、字画等都是典型的中国式，内容陈设都模仿了中国式样，但古代中国并没有这种形式的茶会。日本是把中国饮茶的习惯、风味食品、禅宗趣味、园林庭阁融入唐式茶会之中，这是中国文化在日本的重新分解和组合。到日本室町幕府中期，这类茶会有了新的发展，进行茶会时，改茶亭为"座敷"（铺席客厅），茶会分为贵族型的"殿中茶"与平民型的"地下茶"。前者有品玩名贵茶器、名贵茶叶等形式，后者是无拘束地聚集饮茶，类似于中国的茶馆。不难看出，唐氏茶会是日式茶道的雏形。

（二）参加日本茶道正式茶会的顺序

（1）穿越露地。日本茶道的举行场所一般由茶的庭院和茶的建筑组成。茶的庭院指露地，茶的建筑指茶室。进入茶室前，客人先进入露地。从实用价值来讲，露地只是一条通向茶家的道路而已，但他在日本茶会中的含义却极为丰富。露地的内质与佛教有关，希望人们在通过露地时净化心境，摒除一切尘世杂念，归于平和，所以布置露地的出发点不是为了欣赏。露地中一般铺有各种各样的石头，这些石头在茶道中被称为"飞石"。飞石的种类、铺法和用途颇有讲究，但其主要用途还是指示客人行进的方向。

在客人到达之前，主人会预先在露地之中洒水，迎接客人时还要在庭院中打水再清洗一次。这种反复清洗的礼仪象征茶道的场所为圣洁之境。露地是茶道力图营造的参禅意境的起点，因此不能穿着日常生活中的鞋子进入，需要换上草履（一种有带的日式草鞋）。

进入露地后，客人在被称为"腰挂待合"的地方稍事停留，以待主人的迎接。待合是

专门设置用来让几位客人碰头的场所，内设椅垫和吸烟用具。日本正式的茶会一般分两个段落进行，一个段落结束后，客人们会暂时离开茶室，来到露地，而主人则在茶室中为后一段落的茶会做准备，茶道中称为"中立"，在这段时间里，客人们也是来到"腰挂待合"中小坐，直到听到主人的召唤后才再次进入茶室。有时候，露地被分为两个部分，即外露地和内露地。在这种情形下，会在两重露地的交接处设一个中门。而在"中立"期间，客人们则在内露地的待合中小憩。

（2）蹲踞净漱。进入露地后，客人们踏着飞石行进，来到茶室前面的"蹲踞"。所谓蹲踞，就是一种盛满清水的设施。蹲踞一船是石制的，上面放有舀水用的柄勺。首先用右手拿起柄勺舀一勺水，用这勺水的一部分清洗左手，然后将柄勺换到左手，用勺中剩下的水清洗右手。再舀一勺水，将水倒左右掌心，用掌心中的水漱两次口，之后两手握住勺柄，勺口对着自己慢慢竖起勺柄，让柄勺中剩下的水沿着勺柄慢慢流下，以清洗勺柄。清洗完后将柄勺放回原来的位置，继续向茶室行进。此处洗漱的目的是净洁身心。

（3）进入茶室。洗漱之后，客人们整理好心情，准备进入茶室。主人应先在茶室的活动格子门外跪迎宾客，第一位进入茶室的必须是来宾中的首席宾客（称为正客），其他客人则随后依次进入茶室。进入时，要膝盖先着地，环顾茶席并行礼，之后两膝交替蹭着进入茶室。进入茶室后，保持身体基本姿势不变，转过身来，面向外，宾主互相鞠躬致礼，而正客须坐于主人上手（左边）。这时主人即去"水屋"取风炉、茶釜、水注、白炭等器物，而客人可观赏室中的挂轴、字画、插花等摆设。

主人取器物回茶室后，跪于榻榻米上生火煮水，并从香盒中取出少许香点燃。在风炉上煮水期间，主人要再次至水屋忙碌，这时众宾客可在茶室前的花园中闲步。待主人备齐所有茶道器具时，这时水也将煮沸了，宾客们再重新进入茶室，在自己的位置上坐下（按规矩需要"正坐"，即双腿并拢，小腿着地，臀部坐在双脚上），将扇子放在身后，正客的扇子尾部向右，其他客人的扇子尾部向左。

（4）炭点前。在茶道中，"点前"是指具体的操作及其过程。众所周知，点茶用水对温度有着相当严格的要求，这在中国古代被称为"汤候"，温度不足（一般称为汤过嫩）或让水沸腾得太过（称为过老）都不宜点茶。因此，为了烧出温度适宜的水，就要对作为燃料的炭及火候进行调节，这就是炭点前。一般来说，主人等到客人们围绕炉边坐定时，就会开始进行炭点前。

（5）品尝怀石料理。客人坐定后，主人要招待客人吃饭，一般是三菜一汤，这种饭食称为"怀石"。据《南方录》记载，僧人为了修行不食，便在怀中放一石来抵抗饥饿。因此"怀石"就是粗茶淡饭的意思。主人的茶道观一般通过其烹饪的饭菜表现出来。

怀石料理的菜肴虽不丰盛，但很注意季节感和菜肴的搭配，所用原料都是新鲜的水产和蔬菜。在农历五月到十月之间，因为茶会中使用风炉，因此又称为风炉的季节。这期间，客人一入席，主人便会摆出怀石料理，而在农历十一月至次年四月，茶会中使用炉

（地炉）来生火，因此被称为炉的季节。这期间，要在炭点前之后，才会布置怀石料理。吃饭时，主人必备有一杯清酒，饮酒要用小盏分三口慢慢品，吃饭菜时也要缓嚼细咽。当然，也有不设怀石料理的茶会。怀石料理如图8-6所示。

图8-6 怀石料理

（6）品尝点心。吃过怀石料理之后，客人要暂时回避片刻，待主人做点茶前的准备。客人再次进入茶室入座，主人便会从正客开始，依次向每一位客人寒暄并敬献点心。浓茶茶会用生鲜点心，薄茶茶会用干点心。

（7）茶点前。这是茶会最关键的一个程序。主人坐在风炉旁，开始生火加水，然后用一方红巾把事先已经擦洗干净的茶具当着客人的面再擦洗一次。最后用烧开的水再消毒一次，这才开始正式点茶。主人用精致的小茶勺往茶碗中放入适量的浅绿色茶末，再用竹制的水舀将沸水注入茶碗内，水不能外溢，而且倒水时要尽量发出潺潺的水声。

点茶完毕后，主人用左手掌托碗，右手五指持碗边，跪地后举至与自己额头平齐，献给客人。客人接过茶碗也须举碗齐眉以示感谢，放下碗后重新举起才能饮茶。品茶时要吸气，并发出"吱吱"声音，以示对茶的赞美。待正客饮茶后，其他客人才能饮茶。饮时可每人一口轮流品饮，也可每人饮一碗，饮毕用拇指和纸擦干净茶碗，仔细欣赏茶碗，再把茶碗递回给主人。

在这里，之所以使用"点茶"这个词汇，是因为日本茶道使用的是茶末。首先将茶末放入茶碗，然后沏水，之后还要用一种被称为"茶筅"的工具搅拌。整个操作形式有些类似中国宋代的斗茶。"点茶"一词沿用传统说法，以区别于叶茶的"沏茶"。

（8）欣赏道具。在茶会之中，当主人点完茶后并准备拿着道具离开茶室之前，作为规矩，正客一定要提出欣赏、拜见道具的请求。在客人们品茶及欣赏道具的过程中，正客会与主人进行交谈，谈话的内容一般限于与茶有关的话题。客人们借此来了解此次主题并力求实现主客间心灵的沟通。

（9）茶室送客。礼仪完毕，主人在茶室的门侧跪送客人，接受客人临别的赞颂和致谢。

一次茶道仪式的时间一般在 2h 左右。一套最简单的点茶仪式，一般也需要 20min。

三、实训环节

明确分组及任务，并从实训室器材中挑选出适当的茶具及铺垫物等，按照冲泡流程分组开展实训。

（一）日本茶道礼仪

日本茶道有讲究的礼仪规范，以下以日本"里千家"为例，介绍禅宗茶道的表演程序。

（1）布景。演示台中有一个四扇屏风，罩以洁白的细布，上面挂一条幅，上书"无事是好年"五字，地上铺绿色地毯。演示台下右前方竖一把大红遮阳伞，别具一格，增添了田野情趣。条幅前的地面上摆一竹篮插花，精美奇巧，使人产生雅洁之感。在台右前方置有风炉、茶釜、小水坛、木炭、火箸等茶具。除此而外，另无他物，犹如日本国内的"待合"（客厅）"茶庭""水屋"三者合一。

日本茶道布景讲究简洁、幽雅、清静，正如古人所云："室雅何须大，花香不在多！"

（2）演示。

①备具迎客。演示者共有 5 人，均系女性，而且年龄在六旬左右。演示者角色为二主（茶道主持人、茶师）三客。演示开始，台上寂然。先是主人登台备具；接着宾客脱鞋躬身入内，表示谦逊，主人则跪在门前迎接，以示尊敬；客人依次行礼，首告拜见主人，继而跪拜条幅，然后跪坐于演示台左侧，面向主人；就座后，观赏茶具；女客们每人手持一把折扇，态度平和，静思默想。

日本茶道本来是一种极为普通的饮茶文化，由于日本传统茶道大师赋予了"道"的意味，使得这种文化有了自己的特有仪式。

②生火烧水。二位主人跪坐在竹制茶架前的地上生火，用火箸将木炭夹于风炉内，摆成格子形。一会儿，釜底火焰腾起，泉水冒出小气泡。此时，主人神情专注地从绢袋里取出储茶罐、小茶匙、小竹帚，并将几只式样古朴的琉璃色茶碗用一方红巾擦拭，一字摆开，显示日本茶事中一切讲求清洁，一尘不染。

待水煮沸，水蒸气袅袅升起，如佛堂轻烟，烘托出一种超凡脱俗的气氛。

③静心点茶。水烧开后，主人揭开储茶罐的盖子，用茶匙舀两勺半茶末，茶师用勺舀沸水，轻轻地依次注入茶碗，只冲半碗茶。然后用茶帚依次搅动，动作熟练迅疾，搅得茶末上下翻滚，沉沉浮浮。稍停片刻，茶末沉底，茶汤浓绿，如图 8-7 所示。

图 8-7 静心点茶

　　④敬奉茶点。敬茶前，主人按照客人的辈分大小为客人敬上小巧玲珑、色艳味美的日本茶点。

　　⑤谦恭敬茶。主人谦恭地先向首席客人敬茶，然后将第二、第三碗茶依次敬献给第二、第三位客人。敬茶时左手托碗，右手扶碗，恭恭敬敬走到宾客面前，跪坐献茶，茶碗举起，与额角齐平。客人接茶用左手托碗，右手扶碗，从左向右转一圈，以示拜观茶碗，然后举碗齐额，再放下，如图 8-8 所示。

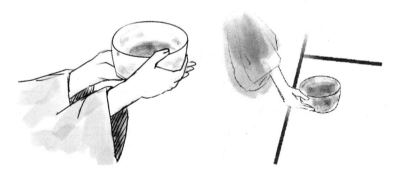

图 8-8 谦恭敬茶

　　⑥细口慢酌。敬茶毕，客人端起茶碗（图 8-9），轻轻转动茶碗，以示领受主人情意及其点茶的匠心。客人饮茶可分为"轮饮"和"单饮"。若是深绿色的浓茶，要轮流饮，若是薄茶，叫每人一碗单饮，单饮定要三口喝尽。

图8-9 端起茶碗

客人咽下茶时，口中发出轻轻响声，表示对茶的赞美。然后是主人殷勤续茶1~2次。

⑦茶毕送客。茶毕，宾主对话，话题一般为对优质名贵的末茶及茶碗的欣赏、品评，气氛和谐融洽。客人辞前先拜茶具，再拜条幅。客人走后，主人缓缓收拾茶具，神情寂然。

（二）知识要点

（1）日本茶道主要由四个要素组成：宾主、茶室、茶具和茶。进行茶道的人员一定要有经验并经过训练。

（2）茶室大小不一，形状多样，但环境应幽雅、自然，布置简朴、优雅，且往往挂着与茶有关的禅语挂轴和名贵字画，室内有插花装饰。

（3）茶具多为"乐烧茶碗"和茶盘、茶盖、茶勺、茶桶等。茶是日本国产优质绿"末茶"，就是将原茶用"茶石白"碾成粉末状的茶。

日本茶艺考核评分表如表8-3所示。

表8-3 日本茶艺考核评分表

班级： 姓名： 测试时间： 总分：

序号	项目	分值分配	要求和评分标准	扣分标准	扣分	得分
1	礼仪仪表仪容（15分）	5	发型、服饰端庄自然	发型、服饰尚端庄自然，扣0.5分；发型、服饰欠端庄自然，扣1分；其他因素扣分		
		5	形象自然、得体、优雅，表情自然，具有亲和力	表情木讷，眼神无恰当交流，扣0.5分；神情恍惚，表情紧张不自如，扣1分；妆容不当，扣1分；其他因素扣分		
		5	动作、手势、站立姿、坐姿、行姿端正得体	坐姿、站姿、行姿尚端正，扣1分；坐姿、站姿、行姿欠端正，扣2分；手势中有明显多余动作，扣1分；其他因素扣分		

表8-3(续)

序号	项目	分值分配	要求和评分标准	扣分标准	扣分	得分
2	茶席布置(10分)	5	器具选配功能、质地、形状、色彩与茶类协调	茶具色彩欠协调,扣0.5分; 茶具配套不齐全,或有多余,扣1分; 茶具之间质地、形状不协调,扣1分; 其他因素扣分		
		5	器具布置与排列有序、合理	茶具、席面欠协调,扣0.5分; 茶具、席面布置不协调,扣1分; 其他因素扣分		
3	茶艺演示(35分)	15	冲泡程序契合茶理,投茶量适宜,水温、冲水量及时间把握合理	冲泡程序不符合茶性,洗茶,扣3分; 不能正确选择所需茶叶,扣1分; 选择水温与茶叶不相适宜,过高或过低,扣1分; 水量过多或太少,扣1分; 其他因素扣分		
		10	操作动作适度、顺畅、优美,过程完整,形神兼备	操作过程完整顺畅,尚显艺术感,扣0.5分; 操作过程完整,但动作紧张僵硬,扣1分; 操作基本完成,有中断或出错二次以下,扣2分; 未能连续完成,有中断或出错三次以上,扣3分; 其他因素扣分		
		5	泡茶、奉茶姿势优美端庄,言辞恰当	奉茶姿态不端正,扣0.5分; 奉茶次序混乱,扣0.5分; 不行礼,扣0.5分; 其他因素扣分		
		5	布局有序合理,收具有序,完美结束	布具、收具欠有序,茶具摆放欠合理,扣0.5分; 布具、收具顺序混乱,茶具摆放不合理,扣1分; 离开演示台时,走姿不端正,扣0.5分; 其他因素扣分		
4	茶汤质量(35分)	25	茶的色、香、味等特性表达充分	未能表达出茶色、香、味其一者,扣5分; 未能表达出茶色、香、味其二者,扣8分; 未能表达出茶色、香、味其三者,扣10分; 其他因素扣分		
		5	所奉茶汤温度适宜	温度略感不适,扣1分; 温度过高或过低,扣2分; 其他因素扣分		
		5	所奉茶汤适量	过多(溢出茶杯杯沿)或偏少(低于茶杯1/2),扣1分; 各杯不均,扣1分; 其他因素扣分		
5	时间(5分)	5	在6~10min内完成茶艺演示	误差1~3min,扣1分; 误差3~5min,扣2分; 超过规定时间5min,扣5分; 其他因素扣分		
总分	100					

任务三　韩国茶礼

一、实训要求

通过本任务的学习，要求学生：

· 了解韩国茶礼的历史以及"中正"精神；

· 认识韩国茶礼的茶具名称及作用，掌握茶具的正确使用方法；

· 熟练地根据冲泡流程完成茶礼，并通过典雅大方的仪态动作进行富有艺术性的展示，把"和、敬、俭、真"的宗旨贯穿冲泡流程。

二、实训基本知识

韩国茶礼（茶仪）是韩国一种传统茶俗，在世界茶苑中别具风采。"茶礼"这个术语在韩国是指"在阴历的每月初一、十五，节日和祖先生日白天举行的简单祭礼"，也指像昼茶小盘果、夜茶小盘果之类的摆茶活动，有专家将茶礼解释为"贡人、贡神、贡佛的礼仪"。

韩国茶礼源于中国古代的饮茶习俗，但并不是简单地照抄、移植，而是把禅宗文化、儒家与道教的伦理道德，以及韩国传统的礼节融于一体所形成的一种风俗。据《高僧传》记载，公元6~7世纪，新罗僧侣将在中国学习到的饮茶方法带回了新罗，并运用在朝廷的宗庙祭礼和佛教仪式中。当时盛行把饼茶煮后饮用的煮茶法和点茶法。在高丽时期，朝鲜半岛已把茶礼推广于朝廷、官府、僧俗等各个阶层。新罗盛行点茶法，就是把膏茶用磨磨成茶末，再把汤罐里烧开的水倒进茶碗，用茶匙或茶筅搅拌乳化后饮用。到高丽末期，又有了把茶叶泡在盛开水的茶罐里再饮的泡茶法。

韩国茶礼以茶为载体，将礼仪美育和本民族文化融会贯通，让风土民俗、民族音乐、特色服饰等传统文化在茶礼中得到传承和发扬。

三、实训器材

韩国茶礼实训器材如表8-4所示。

表8-4　韩国茶礼实训器材

物品名称	数量/件
茶桌	1
茶水炉	1

表8-4(续)

物品名称	数量/件
汤罐	1
退水器	1
茶匙	1
茶筒	1
茶杯	3
茶罐	1
茶碗	1
茶托	3
茶巾	1
茶布	1
盖置	1

四、实训环节

根据表8-4的要求,准备好实训器具,按照冲泡流程分组开展实训。

(一)准备泡茶器具

(1)茶罐:放入茶和水来泡茶的容器。

(2)茶杯:喝茶时盛茶的容器,可以叫作茶杯,也可以叫作茶盅。

(3)茶碗:绿茶在水开后冷却到70℃左右的过程中必需的容器。

(4)茶托:用来放茶杯的容器,比起陶瓷,木质的茶托更方便。

(5)茶匙:将茶从茶筒中取出来的工具,多为木质。

(6)茶筒:装茶叶的容器,每次泡茶时从中取出需要的茶叶量使用。

(7)茶布:用来拭去茶具上水痕,由白布做成。

(8)茶布:用于盖住茶具。红色代表男性,蓝色代表女性。

(9)茶桌:放茶具的桌子,高度要低,正方形的茶桌使用起来更方便。

(10)汤罐:用来煮茶水的容器,可以是陶瓷器、铁器或铜器等,但市场上流通的多为陶瓷器。

(11)茶火炉:用来烧汤罐中的水的工具。

(12)退水器:用来盛放预温茶盅的残水的容器,还可用于抛弃残留的茶叶。

(13)盖置:承接壶盖的盖子。

（二）冲泡流程

韩国茶礼流程一共有八个流程。

1. 行礼准备

准备器皿，盖上茶布，红色代表男性，蓝色代表女性。主人在泡茶入座后，整理衣襟飘带，如图 8-10 所示。

图 8-10 行礼准备

（资料来源：哔哩哔哩网站韩国茶道展示视频）

2. 煮水

用煮水器将汤罐里的水进行加温。

3. 温壶、温杯

把茶布折起来放在右侧的退水器后方。温壶、温杯实际上既是茶礼清洗茶具的过程，也是对客人的一种尊敬，体现了泡茶者对茶的敬意，如图 8-11 所示。

图 8-11 温壶、温杯

（资料来源：哔哩哔哩网站韩国茶道展示视频）

4. 投茶

从汤罐中把水倒入茶碗中进行凉汤，打开茶壶盖，放在盖置上，取茶盒投茶。因韩国茶礼使用蒸青绿茶，所以投茶前要进行凉汤，如图8-12所示。

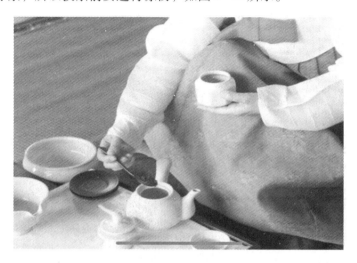

图8-12 投茶

(资料来源：哔哩哔哩网站韩国茶道展示视频)

5. 冲泡

将温度适度的凉汤冲入茶壶，立即盖上茶壶，进行酝香，如图8-13所示。

图8-13 冲泡

(资料来源：哔哩哔哩网站韩国茶道展示视频)

6. 分茶

左手拿茶巾按住茶罐盖，右手提茶罐按顺序把冲泡好的茶汤倒入茶杯，分三次缓缓注入杯中，茶汤量达到茶杯的六七分满即可，如图 8-14 所示。完成分茶把茶叶罐放回原处。

图 8-14　分茶

（资料来源：哔哩哔哩网站韩国茶道展示视频）

7. 敬茶

主人把茶杯置于茶托上，恭敬地将茶捧至来宾面前的茶桌上，如图 8-15 所示。

图 8-15　敬茶

（资料来源：哔哩哔哩网站韩国茶道展示视频）

8. 品茗

将主人茶杯放在茶罐的左边，捧起自己的茶杯，对宾客注目示意，并说"请喝茶"，宾主即可共同举杯品饮，如图 8-16 所示。

图 8-16 品茗

（资料来源：哔哩哔哩网站韩国茶道展示视频）

五、实训考核

韩国茶礼考核评分表如表 8-5 所示。

表 8-5 韩国茶礼考核评分表

班级： 姓名： 测试时间： 总分：

序号	项目	分值分配	要求和评分标准	扣分标准	扣分	得分
1	礼仪仪表仪容（15分）	5	发型、服饰端庄自然	发型、服饰尚端庄自然，扣0.5分； 发型、服饰欠端庄自然，扣1分； 其他因素扣分		
		5	形象自然、得体，优雅，表情自然，具有亲和力	表情木讷，眼神无恰当交流，扣0.5分； 神情恍惚，表情紧张，不自如，扣1分； 妆容不当，扣1分； 其他因素扣分		
		5	动作、手势、站立姿、坐姿、行姿端正得体	坐姿、站姿、行姿尚端正，扣1分； 坐姿、站姿、行姿欠端正，扣2分； 手势中有明显多余动作，扣1分； 其他因素扣分		

表8-5(续)

序号	项目	分值分配	要求和评分标准	扣分标准	扣分	得分
2	茶席布置(10分)	5	器具选配功能、质地、形状、色彩与茶类协调	茶具色彩欠协调，扣0.5分； 茶具配套不齐全，或有多余，扣1分； 茶具之间质地、形状不协调，扣1分； 其他因素扣分		
		5	器具布置与排列有序、合理	茶具、席面欠协调，扣0.5分； 茶具、席面布置不协调，扣1分； 其他因素扣分		
3	茶艺演示(35分)	15	冲泡程序契合茶理，投茶量适宜，水温、冲水量及时间把握合理	冲泡程序不符合茶性，洗茶，扣3分； 不能正确选择所需茶叶，扣1分； 选择水温与茶叶不相适宜，过高或过低，扣1分； 水量过多或太少，扣1分； 其他因素扣分		
		10	操作动作适度、顺畅、优美，过程完整，形神兼备	操作过程完整顺畅，尚显艺术感，扣0.5分； 操作过程完整，但动作紧张僵硬，扣1分； 操作基本完成，有中断或出错二次以下，扣2分； 未能连续完成，有中断或出错三次以上，扣3分； 其他因素扣分		
		5	泡茶、奉茶姿势优美端庄，言辞恰当	奉茶姿态不端正，扣0.5分； 奉茶次序混乱，扣0.5分； 不行礼，扣0.5分； 其他因素扣分		
		5	布具有序合理，收具有序，完美结束	布具、收具欠有序，茶具摆放欠合理，扣0.5分； 布具、收具顺序混乱，茶具摆放不合理，扣1分； 离开演示台时，走姿不端正，扣0.5分； 其他因素扣分		
4	茶汤质量(35分)	25	茶的色、香、味等特性表达充分	未能表达出茶色、香、味其一者，扣5分； 未能表达出茶色、香、味其二者，扣8分； 未能表达出茶色、香、味其三者，扣10分； 其他因素扣分		
		5	所奉茶汤温度适宜	温度略感不适，扣1分； 温度过高或过低，扣2分； 其他因素扣分		
		5	所奉茶汤适量	过多（溢出茶杯杯沿）或偏少（低于茶杯1/2），扣1分； 各杯不均，扣1分； 其他因素扣分		
5	时间(5分)	5	在6~10min内完成茶艺演示	误差1~3min，扣1分； 误差3~5min，扣2分； 超过规定时间5min，扣5分； 其他因素扣分		
总分	100					

下篇　茶艺提升

实训目标

本篇是茶艺学习的提升阶段。通过本篇的学习，学生应具备以下能力。

（1）针对茶叶特点进行茶席设计。

（2）根据不同主题需求进行主题茶艺创作。

（3）理解茶艺基本术语，运用英语进行茶艺表演。

项目九　茶席设计

导入语

所谓茶席设计，就是指以茶为灵魂，以茶具为主体，在特定的时空环境中，与其他的艺术形式相结合，形成的一个有独立主体的茶道艺术组合整体。

茶席是静态的，茶席演示是动态的。静态的茶席只有通过动态的演示，动静相融，才能更加完美地体现茶的魅力和茶的精神。

——《茶席设计》乔木森

茶席是习茶、饮茶的一方桌席，包括泡茶的操作场所、客人的座席以及氛围环境布置。茶席设计通常以茶器为基本元素，综合考虑色彩、构图等美学要素，与插花、挂画、摆件、香等器物相结合，以期实现某种茶事功能或表达某个主题，是一种综合的艺术表达形式。

任务一　室内茶席设计

一、实训要求

通过本任务的学习，要求学生：
· 掌握茶席设计的基本元素；
· 理解茶席设计的色彩、构图和使用原则；
· 并能运用茶席元素进行室内茶席设计及布置。

二、实训基本知识

针对不同的空间，茶席往往会变换形式和风格。在日常生活中，常见的茶席类型有舞台表演、人文主题、日常茶事服务等。舞台表演及人文主题类的茶席设计更强调审美情趣，在色彩、造型上较为出挑；在元素选择上也较为多元化，除茶器、插花、挂画等元素外，适当采用动态变换的表演背景和光影前景，更能凸显茶席的整体艺术氛围。由此可见，设计优良的茶席是一件赏心悦目的艺术品。茶席多用于茶馆、商务接待及家庭茶会，突出实用性，弱化美学设计，设计者可根据茶席所在空间的大小和氛围增减茶器元素。

利用手绘国画作为铺垫物，点缀树枝、绿植，营造山水意境，如图9-1所示。

图9-1　山水主题茶席

图9-2是一次就地取材的实用型茶席设计，使用了酒店的宣传折页、水杯，点缀旅行途中搜集的落花、石头。既能完成旅途中的冲泡，又不失异域风情。

图9-2　实用型旅途茶席

在实际运用中，设计茶席的基本元素包括：茶器组合、铺垫物、茶席配饰品。

（1）茶席设计元素

1. 茶具组合

茶席的灵魂和服务对象必然是茶，茶席的主要载体则是茶具。茶具可以从色彩、质地、风格、形态上辅助表达茶席的主题。在选择茶具组合时，要综合考虑实用性、美观性、整体性、文化性等因素。根据所要服务的茶叶及表达的主题，可选择同一材质或色彩的茶具组合，如果是自行组合的茶具，则要考虑形态、色彩、材质的整体协调与美观。

图9-3中的茶具为自行搭配的茶具，材质上以陶瓷、木为主，色彩上以红、黑搭配，能在色彩及材质上相互呼应。

图9-3　茶具搭配系列

2. 铺垫物

铺垫，是茶席整体或局部物件摆放下的各种铺垫、衬托、装饰物的统称。室内茶席常用的铺垫物分为织品类及非织品类。织品类包括布匹、麻等，非织品类包括木头、石头、金属等。铺垫首先起到保洁的作用，其次可以通过自身的特征烘托主题。

以云朵形态的木头作为铺垫，在将茶席进行分区的同时，进一步表达了"云卷云舒"的主题意象，如图9-4所示。

图 9-4　铺垫物

3. 茶席配饰

　　茶席的相关配饰包括：插花、挂画、焚香、生活摆件等。茶席插花常见的形式有瓶花、盆花，也可折枝摆放。插花通过色彩、形态，进一步强化了茶席的主题印象。挂画、书法则以传统国画和书法为主，围绕主题、茶事或人生态度创作。焚香在嗅觉上提升了茶席的舒适感，通常与花的摆放位置错开。生活摆件如文房四宝、蒲扇等物件，也可用于茶席设计，提升生活情趣，起到画龙点睛的作用。茶席字画如图 9-5 所示，茶席插花如图 9-6 所示，茶席摆件如图 9-7 所示。

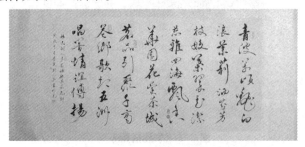

（a）茶席书法（作者：邓小兵）

（b）茶席画（作者：韦立振）

图 9-5　茶席字画

图 9-6 茶席插花：牵牵连心（作者：黎承允）

图 9-7 茶席摆件：扇子

4. 背景

常见的茶席设计背景可以是静态挂画，也可以是园林造景，还可以采用动态的视频演示，丰富茶席的主题内涵。茶席的书画作品背景如图9-8所示。

图9-8　书画作品背景

（二）茶席设计的结构

茶席设计的结构是茶席物质系统内各组成要素之间相互联系、相互作用的规律和方式。根据空间距离布置的异同，常见的茶席设计结构可分为中心结构式、多元结构式。

1. 中心结构式

围绕茶席空间距离的中心点，设置主泡区域，其他茶席元素则围绕主泡器逐一展开。这种布置方法符合大多数茶艺人员的使用习惯，在视觉上给人以稳定的感觉。综合器皿的大小和铺垫物的高低空间方面，可进一步考虑破与立的关系，利用铺垫物的间隔和高低，增添茶席设计的立体感。中心结构式意境图如图9-9所示，中心结构式实物示例如图9-10所示。

图9-9 中心结构式意境图（绘制：梁燕）

图9-10 中心结构式实物示例

2. 多元结构式

多元结构式主泡器皿并不强制设置在茶席的空间距离中心，可以设置在茶席的一侧。多元结构式主泡器皿形态上表现为流线式、散落式、反传统式、分割式等。多元结构具有极大的自由性，通过点、线、面的结合，以茶席各元素作为画笔绘制出一幅精美的茶席作品。多元结构式意境图如图 9-11 所示。多元结构式实物示例如图 9-12 和图 9-13 所示。

图 9-11　多元结构式意境图（绘制：梁燕）

图 9-12　多元结构式实物示例（1）

图 9-13　多元结构式示例实物（2）

（三）茶席设计的原则

1. 服务主题原则

茶席是为茶叶服务，功能性是茶席的基础，美观性是茶席提升的方向。因此，无论是在器皿的选择，还是色彩搭配上，茶席都应符合茶叶的主题特质。例如，玻璃杯与绿茶、盖碗与红茶、紫砂壶与黑茶都是经典的传统搭配。在一些人文和舞台茶席创作中，需要根据主题设定背景、时代等因素，配置唯美、古朴或华丽的茶席元素，呼应主题。

2. 精选色彩

茶席设计通常倾向于采用素雅的色彩，通常整个茶席的颜色不超过 3 个主色；民俗茶艺可根据实际特点选择丰富的色彩组合。茶席的色彩基调是服务于茶叶的。根据茶叶给人的感受，可选择对应的色彩组合。比如，绿茶给人以清爽、夏日等联想，可以选择绿色系；红茶给人以温暖的感觉，可以采用红色系。

在色彩的表达上，以单一色、渐进色表达柔美的主题，以对比色表达强烈的情感。色彩的选择必须符合茶叶的特质，通过铺垫物特别是桌布、帷幔、桌旗等大面积的色块表达茶席的主色，茶具、插花、摆件等配饰与其形成渐进或反差，突出茶席主题。

（四）茶席设计的步骤

茶席设计的步骤包括：

（1）确定茶叶；

（2）确定主题；

（3）确定色彩；

（4）确定茶器；

（5）确定铺垫物；

（6）确定音乐、表演者服装、插花、配饰等。

本书以广西六堡茶为例，确定主题为六堡陈韵，色彩选用灰、黑色调，茶器则选用广西本土陶艺艺术家烧制的本土陶器，质地轻薄却有厚重的视觉质感，符合六堡茶给人的厚重印象。铺垫物以织品及烧制陶器为主，突出茶席，搭配舒缓的古琴音乐。

三、实训器材

广西六堡茶茶艺实训器材表见表9-1所示。

表 9-1　实训器材表

物品名称	数量/件
坭兴陶壶	1
坭兴陶杯	4
杯垫	4
桌旗	1
茶席插花	1
其他品类茶具	若干

四、实训环节

（1）确定分组，明确任务。全班分成4~6个小组，熟悉六堡茶的分类属性及特点，为广西六堡茶设计茶席。

（2）围绕广西六堡茶，讨论茶席主题。围绕六堡茶越陈越香的特质、当地民俗、茶船古道等方面确定主题。

（3）围绕广西六堡茶确定茶席主色调，并进一步确定茶具组合、插花色彩。

（4）确定茶器并从实训室器材中挑选出适当的茶具。

（5）确定铺垫物及铺垫方式。

（6）确定服装、音乐、插花等，并拍摄茶席设计全景、茶席展示视频 15~20s（含背景音乐，MP4 格式）。

（7）撰写茶席设计文案（DOC 或 DOCX 格式）。包括茶席标题、主题阐述、器物配置组成、色彩色调搭配、背景配饰及音乐说明等内容。字数要求为 300 字左右。

五、实训考核

茶席设计应遵循沏茶科学，不违背茶史习俗。主要考核茶席主题立意、器具配置及色彩搭配、背景烘托等方面的整体把握、审美力和创新力。六堡茶室内茶席设计考核评分表如表 9-2 所示。

表 9-2　六堡茶室内茶席设计考核评分表

序号	项目模块	扣分标准	扣分	得分
1	主题立意（25 分）主题鲜明、具有原创性，构思新颖、巧妙，富有内涵、艺术性及个性	1. 主题内容（鲜明、内涵、原创性）		
		2. 主题设计（新颖、巧妙、艺术性）		
		3. 主题创新（构思设计、整体搭配）		
		4. 其他不规范因素酌情扣 1~2 分		
2	器具搭配（25 分）茶具与茶叶搭配合理，器具组合完整、协调，配合巧妙，并具有实用性	1. 茶叶与茶具搭配（合理、协调、完整、实用等）		
		2. 席面主体器与物件间搭配（合理、协调、巧妙）		
		3. 其他突兀因素酌情扣 1~2 分		
3	色彩色调搭配（10 分）茶席色彩色调搭配美观、合理，整体协调	1. 茶席整体色彩搭配（美观、协调、合理）		
		2. 茶席整体色调搭配（协调、合理）		
		3. 茶席器具、物件材料质地（搭配合理）		
4	背景配饰烘托（20 分）茶席背景、插花等配饰美观、协调，烘托主题，有感染力	1. 茶席背景与茶席主题搭配（映衬、协调）		
		2. 茶席背景音乐与主题搭配（具有渲染力、感染力，意境美等）		
		3. 茶席配饰与茶席整体搭配（完美、协调、合理）		

表9-2(续)

序号	项目模块	扣分标准	扣分	得分
5	茶席作品文案（20分）文字阐述准确、有深度，语言表达优美、凝练，包括主题立意阐述、器物素材配置、沏泡茶品及区域、时代	1. 陈述内容（文字表述准确、深度）		
		2. 遣词造句（语言表达优美、凝练）		
		3. 没有标题扣2分，标题不准确扣1分		
		4. 字数不足或超过，每30字扣1分，每5个错别字扣1分		
		5. 其他不规范因素酌情扣1~2分		
	得分			

任务二　室外茶席设计

一、实训要求

通过本任务的学习，要求学生：

· 进一步熟悉茶席设计的基本元素；

· 了解户外茶席设计的特点；

· 利用自然界天然的素材进行室外茶席制作。

二、实训基本知识

室外茶席的基本元素与室内茶席的元素、结构基本一致。户外茶席的元素主要包括茶具组合、铺垫物、茶席配饰等。户外茶席的结构依然以中心式和多元式为主，相较而言，多元式的设计与户外的氛围更契合。室外品茶图如图9-14所示。

图9-14　室外品茶图（作者：陈佳年）

　　室外茶席与室内茶席最大的不同点在于，大到整体茶空间及茶席背景，小到茶桌及摆件，都有可能是自然界中的一部分。因此，户外茶席更讲究自然野趣。在户外创作时，应准备基本的茶具组合，充分利用自然界的多元化素材。比如，以山水代替字画为背景，以芭蕉叶代替桌旗，以落叶代替杯托作为铺垫物等，以达到取之于自然，融之于自然的效果。以下为户外茶席案例赏析。

　　利用户外的环境，花、绿植的鲜灵，营造品茗氛围。红茶室外茶席（1）如图9-15所示。

图9-15　红茶室外茶席（1）

　　利用户外的环境，花、绿植的鲜灵，营造品茗氛围。黄茶室外茶席如图9-16所示。

图9-16　黄茶室外茶席

竹影如画，摇曳生姿，动静结合。红茶室外茶席（2）如图 9-17 所示。

图 9-17　红茶室外茶席（2）

山间瀑布、芭蕉花等山野绿植，营造天人合一的茶境。乌龙茶室外茶席如图 9-18
所示。

图 9-18　乌龙茶室外茶席

　　茶具、服装采用清新的色彩，与"岩韵"崖刻背景形成反差，更显岩茶的霸气。白茶室外茶席如图 9-19 所示。

图 9-19　白茶室外茶席

利用植物的彩色和线条丰富茶席的层次。绿茶室外茶席如图 9-20 所示。

图 9-20　绿茶室外茶席

落叶增强茶席与环境的融合度。黑茶室外茶席如图9-21所示。

图9-21　黑茶室外茶席

三、实训器材

红茶户外茶席实训器材表如表9-3所示。

表9-3　红茶户外茶席实训器材表

物品名称	数量/件
陶瓷盖碗	1
公道杯	1
品茗杯	3
配套杯垫	3
水盂	1
茶道组	1

表9-3(续)

物品名称	数量/件
赏茶荷	1
茶叶罐	1
茶盘	1
茶巾	1
提梁壶或随手泡	1
户外风炉	1
植物	若干

四、实训环节

（1）确定分组，明确任务。全班分成4~6个小组，进行户外茶席设计。

（2）围绕红茶，讨论确定茶席主题，注意结合自然环境，追求天人合一的效果。

（3）围绕红茶确定茶席主色调，并进一步确定茶具组合、插花色彩。

（4）确定茶器，并从实训室器材中挑选出适当的茶具。

（5）确定植物作为铺垫物的具体形式。

（6）开展茶会。

（7）教师点评。

室外茶席示例如图9-22所示。

图9-22 室外茶席示例

五、实训考核

茶席设计应遵循沏茶科学，不违背茶史习俗的原则。主要考核学生对茶席主题立意、器具配置及色彩搭配、背景烘托等方面的整体把握、审美力和创新力。室外茶席设计考核评分表如9-4所示。

表9-4 室外茶席设计考核评分表

班级： 姓名： 测试时间： 总分：

序号	项目模块	扣分标准	扣分	得分
1	主题立意（25分）主题鲜明、具有原创性，构思新颖、巧妙，富有内涵、艺术性及个性	1. 主题内容（鲜明、内涵、原创性）		
		2. 主题设计（新颖、巧妙、艺术性）		
		3. 主题创新（构思设计、整体搭配）		
		4. 其他不规范因素酌情扣1~2分		
2	器具搭配（25分）茶具与茶叶搭配合理，器具组合完整、协调、配合巧妙、具有实用性	1. 茶叶与茶具搭配（合理、协调、完整、实用等）		
		2. 席面主体器具与物件间搭配（合理、协调、巧妙）		
		3. 其他突兀因素酌情扣1~2分		
3	色彩色调搭配（10分）茶席色彩色调搭配美观、合理，整体协调	1. 茶席整体色彩搭配（美观、协调、合理）		
		2. 茶席整体色调搭配（协调、合理）		
		3. 茶席器具、物件材料质地（搭配合理）		
4	背景配饰烘托（20分）茶席背景、插花等配饰美观、协调，烘托主题，有感染力	1. 茶席背景与茶席主题搭配（映衬、协调）		
		2. 茶席背景音乐与主题搭配（渲染力、感染力、意境美等）		
		3. 茶席配饰与茶席整体搭配（完美、协调、合理）		
5	无我茶会协作（20分）冲泡、分茶	1. 能顺利完成冲泡		
		2. 能顺利进行分茶		
		3. 保持正确的无我茶会流程和节奏		
		得分		

项目十　主题茶艺

导入语

　　主题茶艺是在传统茶艺基础上，融合美学、民俗、历史等知识，围绕某一主题进行的茶艺创作。主题茶艺具备审美性和叙事性，是广为流传的茶艺演绎方式，也是茶艺大赛中重点考核的内容。

任务一　主题茶艺创作设计

一、实训要求

　　通过本任务的学习，要求学生：
　　·掌握主题茶艺创作的基本元素；
　　·掌握主题茶艺创作的步骤；
　　·运用所学知识进行主题茶艺创作。

二、实训基本知识

　　茶艺是泡茶技艺和品茶艺术的结合。当喝茶不仅仅是为了满足人们的生理需求，而是成为一种艺术对象被人们欣赏时，便形成了茶艺。从表演的角度，可以将茶艺分为生活型茶艺和表演型茶艺。生活型茶艺又分为传统茶艺和改良茶艺，主要满足人们提神、保健等日常需求，弱化艺术审美情趣。表演型茶艺往往具备一定的主题，又称为主题茶艺和创新茶艺，除了满足提神、保健、解渴等生理需求外，还能实现一定的精神追求。

　　表演型茶艺具备和、静、雅的艺术特征。表演型茶艺可分为仿古、现实、宗教、民俗四个基本类型。

　　（1）仿古。仿古型茶艺是指根据古书籍、画作等考古资料的记载，复原历史上的品茗方式的茶艺类型。仿古型茶艺如图 10-1 所示。

图 10-1　仿古型茶艺

（2）现实。现实型茶艺取材于生活，表达一定的情感。现在许多比赛中的创新茶艺，采用以小见大的方式，在茶艺表演中表达对教师、工人等的热爱，表达对亲人、朋友的感激之情，通过茶的静感悟现实生活。现实型茶艺如图 10-2 所示。

图 10-2　现实型茶艺

（3）宗教。宗教型茶艺反映佛教、道教的茶事活动，尤其以礼佛、禅茶居多。宗教型茶艺如图10-3所示。

图10-3 宗教型茶艺

（4）民俗。民俗型茶艺是取材于民间的饮茶习俗，并加以整理、提高的茶艺节目，如《擂茶》《三道茶》《打油茶》等。民俗型茶艺如图10-4所示。

图10-4 民俗型茶艺

三、实训器材

主题茶艺创作设计实训器材清单如表10-1所示。

表 10-1　主题茶艺创作设计实训器材清单

物品名称	数量/件
茶具套组	1
桌旗	1
绿植	若干

四、实训环节

确定分组，明确任务。全班分成 4~6 个小组，围绕六堡茶确定主题，进行主题茶艺创编。

（一）编创表演型茶艺的步骤

1. 确定主题

主题是茶艺表演的核心和灵魂。许多人向往城市的繁华，而与茶为伴的我们，更多的是向往茶山的晨曦与云雾，向往茶山的自然美好。因此，本书将六堡茶茶艺表演的主题确立为"山居吟"。

2. 确定茶品

本次选用六堡茶原种树种的新鲜茶花，以及陈年六堡茶作为主泡茶品。突出山居中，二者的碰撞。

3. 茶席设计

本次茶席设计注重大环境、灯光、场景等元素，强调色彩风格、主泡器皿、铺垫物、装饰物和焚香之间的协调。茶席设计如图 10-5 所示。

图 10-5　茶席设计

4. 音乐

背景音乐是茶艺表演必不可少的元素，它可以营造艺术气氛，带领观者进入茶艺艺术境界。

不同的音乐用来表演不同的情境，低沉的音乐，给人以深思；轻柔的音乐，给人以清幽。需要注意的是，所选音乐切忌现代感强、节奏快，这与茶的"清、静"之性相冲突。

5. 服装设计

茶艺表演者的服装、发型、头饰、仪容等，整体要求应与所表演的主题相呼应，以得体、整洁、大方、符合主题为主，不能错配、乱配、张冠李戴。好的表演服饰还能衬托表演者的形象、气质。茶席服装设计如图 10-6 所示。

图 10-6　茶席服装设计

6. 编创解说词

解构主题，最直接、重要的是要创编出一个能较好反映主题的茶艺解说词，既能达到阐释主题的目的，同时也可以使观众更好地把握、理解主题，更好地提升审美效果。

一般来说，较合格的解说词，应由主题阐释、程序演绎两方面构成，同时契合表演用茶的茶理和茶性。

优秀的茶艺解说词，需要创编者在文学、舞美、音乐等多个专项上综合性地把握、融合，完美、准确地烘托、渲染主题。

7. 动作设计

茶艺中的动作以舒缓为主，符合茶席礼仪。

8. 主题演绎

根据编排的主题，配合环境氛围，进行主题演绎。在演绎时要注意眼神和肢体语言的控制。茶席主题演绎如图 10-7 所示。

图 10-7　茶席主题演绎

9. 解说词参考

（1）入场。

许多人向往城市的繁华，而与茶为伴的我们，更多的是向往茶山的晨曦与云雾，向往茶山的自然美好。

（2）翻杯、温杯。

山——是具有包容性的象征，山——是静的载体，也是赋予茶叶丰富内涵的母亲。

因热爱山而感悟内心的宁静，以山居、山月为伴，和林木为友，正是茶人想要守护的心灵深处的静逸。

（3）赏茶。

六堡茶是茶山的馈赠，不仅暖身祛湿，更能益脾消滞，每每到山中，我都喜欢与制茶师傅、当地人分享六堡茶的故事，品茶品静。

（4）置茶

秋天的寒冷渐渐袭来，山中木梢，新添季节的色彩。六堡人几十年守望着六堡茶最传统的工艺，更有从城市而来的茶人，岁月流转，素心以待茶。其中的艰辛，犹如茶的滋味，苦却化开，甜味紧随而至。

（5）泡茶。

制茶师傅和茶人因热爱茶而选择山，放弃城市的繁华，择山而居，在每一次制作中享受茶与山所赋予的劳动的喜悦。

山居，是静下心与茶的对话，每一杯都蕴含着山的祝福。

（6）分茶。

山居，是你与我的小我时光，杯底有鱼，如山泉渔溪，一鱼唼花须，一鱼唼花影。山中不乏美景，只缺你与我共品茶的时光，沉静内心。

五、实训考核

自创茶艺项目评分表如表 10-2 所示。

表 10-2　自创茶艺项目评分表

班级：　　　　　姓名：　　　　　测试时间：　　　　　总分：

序号	项目	分值分配	要求和评分标准	扣分标准	扣分	得分
1	创意 （25分）	15	主题鲜明，立意新颖，有原创性；意境高雅、深远	有立意，意境不足，扣2分； 有立意，欠文化内涵，扣4分； 无原创性，立意欠新颖，扣6分； 其他因素扣分		
		10	茶席有创意	尚有创意，扣2分； 有创意，欠合理，扣3分； 布置与主题不相符，扣4分； 其他因素扣分		
2	礼仪仪表仪容 （5分）	5	发型、服饰与茶艺演示类型相协调；形象自然、得体、优雅；动作、手势、姿态端正大方	发型、服饰与主题协调，欠优雅得体，扣0.5分； 发型、服饰与茶艺主题不协调，扣1分； 动作、手势、姿态欠端正，扣0.5分； 动作、手势、姿态不端正，扣1分； 其他因素扣分		
3	茶艺演示 （30分）	5	根据主题配置音乐，具有较强的艺术感染力	音乐情绪契合主题，长度欠准确，扣0.5分； 音乐情绪与主题欠协调，扣1分； 音乐情绪与主题不协调，扣1.5分； 其他因素扣分		
		20	动作自然、手法连贯，冲泡程序合理，过程完整、流畅，形神兼备	能基本顺利完成，表情欠自然，扣1分； 未能基本顺利完成，中断或出错二次以下，扣3分； 未能连续完成，中断或出错三次以上，扣5分； 有明显的多余动作，扣3分； 其他因素扣分		
		5	奉茶姿态、姿势自然，言辞得当	姿态欠自然端正，扣0.5分； 次序、脚步混乱，扣0.5分； 不行礼，扣1分； 其他因素扣分		

表10-2（续）

序号	项目	分值分配	要求和评分标准	扣分标准	扣分	得分
4	茶汤质量（30分）	20	茶汤色、香、味等特性表达充分	未能表达出茶色、香、味其一者，扣2分； 未能表达出茶色、香、味其二者，扣3分； 未能表达出茶色、香、味其三者，扣5分； 其他因素扣分		
		5	所奉茶汤温度适宜	与适饮温度相差不大，扣1分； 过高或过低，扣2分； 其他因素扣分		
		5	所奉茶汤适量	过多（溢出茶杯杯沿）或偏少（低于茶杯1/2），扣1分； 各杯不匀，扣1分； 其他因素扣分		
5	文本及解说（5分）	5	文本阐释有内涵，讲解准确，口齿清晰，能引导和启发观众对茶艺的理解，给人以美的享受	文本阐释无深意、无新意，扣0.5分； 无文本，扣1分； 讲解与演示过程不协调，扣0.5分； 讲解欠艺术感染力，扣0.5分； 解说事先录制，扣2分； 其他因素扣分		
6	时间（5分）	5	在8~15min内完成茶艺演示	误差1~3min，扣1分； 误差3~5min，扣2分； 超过规定时间5min，扣5分； 其他因素扣分		
总分	100					

项目十一　茶艺英语

任务一　茶艺相关术语

一、实训要求

通过本任务的学习，要求学生：

·了解各种茶类的英文术语；

·了解常见茶器皿的英文术语；

·掌握常用冲泡手法的英文表达；

·掌握品茶五因子英文表达；

·掌握各类茶的简单介绍用语；

·掌握茶艺基本知识的表达。

二、实训基本知识

（一）茶类基本术语

红茶　black tea

绿茶　green tea

黄茶　yellow tea

黑茶　dark tea

白茶　white tea

乌龙茶　oolong tea

不发酵茶　non-fermented tea

半发酵茶　partially-fermented tea（semi-fermented tea）

后发酵茶　post-fermented tea

全发酵茶　complete-fermented tea

（二）典型茶类名称

1. 绿茶类　Green Tea

龙井茶　Longjing Tea（also known as Dragon Well）

碧螺春　Biluochun Tea（also known as Green Spiral）

安吉白茶　Anji White Leaf

2. 红茶类　Black Tea

祁门红茶　Keemun Black Tea

正山小种红茶　Lapsang Souchong Tea

3. 乌龙茶类　Oolong Tea

大红袍　Dahongpao Tea

铁观音　Tieguanyin Tea

台湾高山茶　Taiwan High Mountain Tea

4. 黑茶类　Dark Tea

普洱茶　Pu Er Tea

生普　Raw Pu Er Tea

熟普洱　Fermented Pu Er Tea

5. 花茶　Scented Tea

熏花花茶　Scented Flower Tea

工艺花茶　Artistic Flower Tea

花草花果茶　Herb-flower Tea

（三）茶具名称专业术语

1. 烧水器皿　Water Heating Devices

炭炉　charcoal stove

电磁炉　induction cooker

电随手泡　instant electrical kettle

酒精炉具组合　alcohol heating set

酒精灯　alcohol burner

陶壶　pottery kettle

玻璃煮水器组合　glass heater set

2. 冲泡器皿　Tea Cups & Tea Pots

紫砂壶　boccaro teapot

瓷壶　porcelain teapot

玻璃杯　glass bottles

盖碗　covered teacup/bowl

飘逸杯　piaoyi teacup

玻璃同心杯　glass concentric cup

3. 品饮器皿 Tea-wares for Drinking & Tasting

闻香杯　sniff-cup（fragrance smelling cup）

品名杯　tea-sipping cup

细瓷茶杯　fine porcelain teacup

4. 盛载器皿　Tea Containers

茶叶罐　tea canister

水盂　tea basin

茶盘　tea tray

赏茶荷　tea holder

托盘　tea serving tray

5. 辅助器皿　Supplementary Utensils

公道杯　fair mug（Gongdao Mug）

过滤网　filter

茶漏斗　tea strainer

茶夹　tea longs

（四）冲泡步骤

从冲泡的步骤上来看，主要分为以下几大步骤：

1. 准备阶段

备具　prepare tea ware

备水　prepare water

温壶　warm pot

备茶　prepare tea

识茶　recognize tea

赏茶　appreciate tea

2. 冲泡阶段

温盅　warm pitcher

置茶　put in tea

闻香　smell fragrance

注水　infuse water

计时　set time

3. 奉茶

烫杯　warm cups

倒茶　pour tea

备杯　prepare cups

分茶　divide tea

端杯奉茶　serve tea by cups

4. 收尾阶段

去渣　take out brewed leaves

清盅　rinse pitcher

收杯　collect cups

清理茶席　clean tea table

（五）品茶感官表达

1. 绿茶

形状（干茶）

纤细　wiry and tender

曲卷如螺　spiral

雀舌　queshe

兰花形　orchard alike

黄头　yellow lump

圆头　round lump

扁削　sharp and flat

尖削　sharp

紧条　tight

宽条　broad leaf

汤色

绿艳　brilliant green

碧绿　jade green

浅绿　light green

杏绿　apricot green

香气

鲜灵　fresh lovely

鲜浓　fresh and heavy

鲜纯　fresh and pure

幽香　gentle flowery aroma

滋味

粗淡　harsh and thin

2. 黄茶

<u>形状（干茶）</u>

梗叶连枝　full shoot

鱼子泡　scorch points

<u>香气</u>

锅巴香　rice crust aroma

3. 黑茶

<u>形状（干茶）</u>

泥鳅条　loach alike leaf

皱褶叶　shrink leaves

宿梗　aged stalk

红梗　red stalk

<u>汤色</u>

棕红　brownish red

棕黄　brownish yellow

栗红　chestnut red

栗褐　chestnut auburn

紫红　purple red

<u>香气</u>

粗青气　green and harsh odour

毛火气　fried aroma

堆味　aroma by pile fermentation

<u>滋味</u>

陈韵　aged flavour

陈厚　stale and thick

仓味　tainted during storage

4. 乌龙茶

<u>形状（干茶）</u>

蜻蜓头　dragonfly head alike

壮结　bold

壮直　bold and straight

细结　fine and tight

扭曲　twisted

汤色

蜜绿　honey green

蜜黄　honey yellow

绿金黄　golden yellow with deep green

金黄　golden yellow

茶油色　tea-seed oil yellow

香气

栗香　caramel aroma

奶香　milky aroma

醇香　fermentation aroma

辛香　pungent aroma

闷火　fired fuggy odor

滋味

岩韵　Yan flavour

音（铁观音）韵　Yin flavour

粗浓　coarse and heavy

5. 白茶

形状（干茶）

毫心肥壮　fat bud

茸毛洁白　white hair

芽叶连枝　whole shoot

叶缘垂卷　leaf edge roll down

破张　broken leaves

汤色

浅杏黄　light apricot

微红　light red

香气

毫香　tip aroma

失鲜　state aroma

滋味

清甜　clean sweet

毫味　tippy hair taste

6. 红茶

__形状（干茶）__

金毫　golden pekoe

折皱片　shrink

毛衣　fiber

茎皮　stem and skin

__汤色__

红艳　red and brilliant

红亮　red and bright

红明　red and clear

冷后浑　cream down

浑浊　cloudy

__香气__

鲜甜　fresh and sweet

高锐　high and sharp

麦芽香　malty

桂圆干香　dried-longyan aroma

浓顺　high and smooth

__滋味__

浓强　heavy and strong

浓甜　heavy and sweet

浓涩　heavy and astringent

桂圆汤味　longyan taste

三、茶类的基本介绍范例

1. 绿茶

Green tea is non-fermented tea.

绿茶属不发酵茶。

Green ten can be classified as roasted green tea, baked green tea, solar-dried green tea and steamed green tea.

绿茶可分为炒青绿茶、烘青绿茶、晒青绿茶和蒸青绿茶。

Green tea is mainly produced in the middle and lower reaches of The Changjiang River.

绿茶主要产于在长江中下流域一带。

Zhejiang province is one of the main production areas of green tea.

浙江省是绿茶的主产地之一。

Xihu Longjing (Dragon Well tea) is a traditional well recognized green tea.

西湖龙井是传统的名优绿茶。

The appearance of high-quality green tea has green colour, delicate aroma, mellow taste, and beautiful shape.

优质绿茶的品质特点是以色绿、香、味甘、形美而著称的。

The high-quality greentea contains the most quantity of vitamins, catechin and protein in all kinds of tea.

高质量的绿茶是包含的维生素、茶多酚及蛋白质最多的茶。

2. 黄茶

Junshan-Yinzhen is yellow tea, and it is produced in Dongting Mountain of Hunan Province.

君山银针属黄茶，产地为湖南洞庭山。

After infusion, all the tea buds of Junsan-Yinzhen stand straightly, and they look like bamboo shootscoming up of the ground. It is enjoyable.

冲泡后的君山银针茶芽竖立，如群笋出土，很有观赏性。

The main purpose of drinking Baihao-Yinzhen and Junshan-Yinzhen is to enjoy the sight of tea buds, so it's better to use glass cups.

品饮白毫银针、君山银针重在观赏。因此，最好用玻璃杯冲泡。

3. 普洱茶

Pu-er tea is one kind of dark tea.

普洱茶是黑茶的一种。

Sun-dried green tea can be used as raw material of Pu-er tea.

晒青绿茶可作普洱茶原料。

Pu-er tea has two specifications of bulk and compressed.

普洱茶有散装普洱和紧压普洱两种规格。

The liquor of Pu-er tea is very rich, and can endure repeated infusion, remaining much of its original strength and emitting strong flavor.

普洱茶的茶汤十分浓厚，耐冲泡，滋味特浓而醇。

Drinking Pu-er tea on long run is good for digestion and decreasing blood pressure.

长期饮用普洱茶有消食和降低血压的功效。

4. 乌龙茶

Oolong tea is semi-fermented tea.

乌龙茶属半发酵茶。

Oolong tea is produced in Fujian, Taiwan and Guangdong Provinces.

乌龙茶产于福建、台湾和广东。

According to the genus of tea, processing method and the quality, oolong tea can be classified into Shuixian (narcissus), Fenghuangdancong, Tie Guanyin, Huangjingui, Baozhong and so on.

乌龙茶根据茶树品种、加工方式和品质特征可分为水仙、凤凰单枞，铁观音、黄金桂和包种等。

Each kind of Oolong tea has its own unique flavor.

每一个品种的乌龙茶都有其独特的茶韵。

5. 白茶

White tea is Slightly-fermented tea, a special local product in China.

白茶是微发酵茶，为中国特产。

White tea is produced in Zhenghe, Jianyang and Fuding.

白茶产于福建省的政和、建阳和福鼎市。

6. 红茶

Black tea is fermented tea.

红茶属全发酵茶。

Black tea can be used as basic layer of rose tea.

红茶可作玫瑰花茶的茶坯。

The high-quality black tea is characterized as bright and lustrous color, fresh flavor and strong taste.

优质红茶的品质特点是汤色浓艳、滋味鲜爽、刺激性强。

The main characteristic of black tea is strong and brisk tasting.

红茶的主要特点是滋味浓、强、鲜、爽。

The most popular black teaare the Anhui-qihong, Yunnan-dianhong, Fujian xiaozhong, Zhejiang-jiuquhongmei, etc.

常见的红茶有安徽祁红、云南滇红、福建的小种红茶和浙江的九曲红梅等。

四、茶艺基本知识的表达范例

The procedures of making Oolong tea are the following: make tea set ready, warm up the sip-cups and teapot, put tea into teapot, keep water bubbling boil, prboiling water into teapot, scrape of the foam, pour boiling water over the teapot aour tea into sip-cups to serve.

冲泡乌龙茶的程序有：备具、温具、置茶、候汤、冲泡、括沫、淋壶、斟茶。

Making a cup of tea with good taste needs good tea, good water, good fire and suitable tea sets. This is the perfect combination of four elements.

泡好一杯茶，要做到茶好、水好、火好、器好，这叫"四合其美"。

We should use big fire to make water boil quickly.

烧水要做到活火快煎。

The water that has been boiling for a long time is not good for making tea.

久沸老水不宜泡茶。

A cup of good taste tea requires the skills of making.

一杯好茶需要良好的冲泡技术。

The uncontaminated natural mountain spring is the best water for tea.

泡茶用的水，以天然无污染的山泉水为上。

Generally speaking, green tea can be drawn for two or three times.

绿茶一般可冲泡 2~3 次。

Before making tea, we should make cups warm and clean.

泡茶前，首先要温杯洁具。

Usually, we use 50 milliliter of water for 1 gram of tea.

通常 1g 茶用 50ml 的开水冲泡。

Water at about 85 degree centigrade is good for green tea.

绿茶一般用大约 85℃ 的开水冲泡为宜。

Before sipping the tea, it is better for us to enjoy the aroma, and then taste the liquor.

品茶时，先闻茶香，后品滋味。

To make scented tea, it is better to cover the tea cup.

冲泡花茶最好使用杯盖。

Scented tea is usually prepared in a cup with lid in order to keep its aroma.

冲泡花茶通常使用盖碗，可保留茶汤香味。

To make scented tea, it is better to use the water at about 95 degree centigrade.

冲泡花茶用 95℃ 左右的开始为宜。

The main tool for making Oolong tea consists of zisha teapot, sip-cups, kettle and tea tray.

冲泡乌龙茶的茶具主要有紫砂壶、品茗杯、烧水壶和茶盘。

We need to add cups for smelling fragrant and even-handed infusion to make Oolong tea in Taiwan style.

冲泡台湾乌龙茶还要增加闻香杯和公道杯。

五、实训环节

（1）将以下茶的类型和相应的英文术语配对。

红茶	Dark Tea
绿茶	Oolong Tea
黄茶	Black Tea
黑茶	White Tea
白茶	Yellow Tea
乌龙茶	Green Tea

（2）将以下器皿与相应的英文术语配对。

电随手泡	fair mug
玻璃杯	tea-sipping cup
品茗杯	tea tray
茶盘	glass bottles
公道杯	instant electrical kettle

（3）按照冲泡的不同阶段将下列步骤进行归类。

准备阶段	冲泡阶段	奉茶	收尾阶段

set time

pour tea

put in tea

warm pot

prepare tea

rinse pitcher

infuse water

prepare cups

recognize tea

prepare water

appreciate tea

warm pitcher

clean tea table　take out brewed leaves　divide tea serve tea by cups

（4）随意挑选某一种茶类，并将其对应的鉴赏要素的英文术语进行归纳。

茶类	形状	汤色	香气	滋味

六、实训考核

实训考核的内容主要是针对茶的分类、器皿的分类、泡茶流程、茶鉴赏的相关英语术语，要求准确识别和表达。

任务二　茶艺表演英语常用语

一、实训要求

通过本任务的学习，要求学生：
· 掌握茶艺表演中的接待用语；
· 掌握茶艺表演的步骤讲解；
· 掌握介绍一款茶的基本要素。

二、实训基本知识

茶艺表演中，与客人形成良性、友好的沟通，是茶艺表演中不可或缺的环节。按照茶席接待的一般顺序，接待用语按照迎客、引客入座、茶品介绍、讲解步骤、奉茶、欢送进行分类。

（一）迎客阶段
热情欢迎客人的到来，简单介绍自己和所属单位
常用句型：
（1）Good morning/evening/afternoon, welcome to _____. I am _____. My name is _____.
（2）Good morning/evening/afternoon, it is my honour to be with you, my distinguished guest（s）. I am _____. My name is _____.
示例：
（1）Good morning, welcome to ABC Tea Room, I am Mary.
（2）Good afternoon, It is my honour to be with you, my distinguished guest. My name is John.

（二）引客入座

安置客人就坐到合适的位置。

常用句型：

（1）Please take a seat by/next to the window/door.

（2）Please be seated in this non-smoking/smoking booth/area.

（3）Please have a seat here/there to enjoy a better view/a nice atmosphere.

示例：

（1）Mr Smith, please take a seat by the window.

（2）Miss White, please be seated in this non-smoking booth.

（3）Mrs Lee, here is non-smoking section, please take a seat here.

（三）产品介绍

主要向客人推荐和介绍某一种茶类。

常用句型：

（1）Tea for today is green tea/black tea/oolong tea.

（2）We are going to enjoy Dragon Well/Anji White Leaf today.

（3）Biluochun belongs to green tea.

（4）The shape of green tea/black tea is spiral/shrink.

（5）Thecolour of green tea/oolong tea is bright green/honey yellow.

（6）Green tea/black tea smells fresh and heavy/fresh and sweet.

（7）Green tea tastes harsh and thin.

示例：

（1）Tea for today is Tieguanyin. Tieguanyin belongs to oolong tea. The shape of oolong tea is dragonfly alike, and the colour is golden yellow. Tieguanyin shows milky aroma and Yan flavour.

（2）We are going to enjoy Grown in Qimen today. Grown in Qimen belongs to black tea. Black tea looks shrink and the colour of it is red and brilliant. It smells malty and tastes heavy and strong.

（四）讲解步骤

在茶艺展示的过程中，简单为客人介绍泡茶的步骤。

常用句型：

（1）First, we have tea ware and water ready, and then, we warm up the tea pot.

（2）We warm the pitcher before we put in tea.

（3）Tea is placed in the pitcher after the pitcher is warm.

（4）We smell the fragrance of the tea, after that, we start to infuse hot water.

（5）Before we infuse hot water, we smell the fragrance of the tea first.

(6) Tea is ready after a few seconds.

(7) Cups are ready to serve after they are warm.

(8) We divide tea and place it to cups.

示例:

(1) Tea making is divided into a few steps. First, we should have all the tea ware and water ready, and then, we warm up the tea pot. Before we place tea in the pitcher, we should also warm it up. After the tea is placed in the pitcher, we infuse hot water and wait for a few seconds. At the same time, we warm up cups for the guests. After the tea is ready, we divide it and serve it with cups.

(五) 奉茶

把准备好的茶奉上给客人,伴以适当的语言说明。

常用句型:

(1) Tea is ready to serve.

(2) Tea is ready for you.

(3) Please enjoy the tea.

示例:

(1) Mr Smith, Dragon Well is ready for you.

(2) Miss Wood, please enjoy the Tieguanyin.

(六) 欢送

热情地送走客人,并且表达希望能再次服务对方的愿望。

常用句型:

(1) Good bye, have a nice day.

(2) Thank you for your time here.

(3) Thank you to be with us for the time.

(4) I hope you have enjoyed the time.

(5) I am looking forward to seeing you next time/your next visit.

(6) We hope we can see you again soon.

(7) Your next visit is greatly expected.

示例:

(1) Thank you for your time with me tonight, Mrs Brown. We are looking forward to your next visit.

(2) I hope you have enjoyed your time today, Mr Lee. We hope we can see you again soon.

(3) The art of brewing jasmine tea.

(4) Today's topic is brewing scented tea with lid bowls, which is also known as Sancai

Bowls, which mean heaven, ground and human in harmony. Therefore the lid bowl is to be used in a set. First of all, place the tea set.

(5) Appreciate tea.

Today, we are going to brew jasmine tea. Jasmine tea, features its long lasting aroma, mellow taste, and bright yellow-green brewed tea. Drinking jasmine tea has a history of more than 1 000 years in China.

(6) Warm cups.

Add a small amount of hot water in lid bowls, clean tea set with hot water, to show respect to the guests.

(7) Add dry tea.

Put the tea leaves in the warm lid bowls, about three grams for a lid bowl.

(8) Drenching tea leaves.

Add a small amount of hot water, to drench the tea leaves. The water shall be over the tea leaves a little bit.

(9) Release tea aroma.

Turn the lid bowl counter-clockwise, making the dry tea fully drenched, for stronger aroma.

(10) Brewing.

The water temperature is between 85~90℃. Pull up the teapot, for a long water stream, so as to fully mix with the oxygen, and the tea aroma will be stronger.

(11) Serve tea.

Serve the brewed tea to the guests, as well as themost sincere respect.

三、实训环节

(1) 用英语简单介绍泡茶的一般步骤。
(2) 情景模拟，用英语完成一次茶艺表演的接待。

四、实训考核

茶艺表演英语常用语考核要素主要是英文表达清晰、流利、发音准确，能够体现茶艺表演应有的艺术感和亲和力，如表11-1所示。

表 11-1　茶艺表演英语常用语实训考核表

思想内容（15分）	1. 主题鲜明突出（5分）； 2. 内容健康，积极向上（5分）； 3. 寓意深刻，富有感召力（5分）
语音语调（15分）	1. 语音准确，音调、音高合适，连读、词重音、句重音、语调节奏等准确适中（5分）； 2. 语速恰当、声音洪亮，表达自然流畅（5分）； 3. 节奏优美，富有感情（5分）
表达能力（20分）	1. 内容熟练顺畅，无词汇错误或语法错误，能运用动作、手势、表情等肢体语言（10分）； 2. 富有韵味和表现力，能与观众产生共鸣，营造良好的效果（5分）； 3. 脱离背稿痕迹（5分）
综合印象（10分）	1. 体现自信的精神面貌（3分）； 2. 姿态端正、精神饱满、着装大方、举止得体，语言富有艺术感染力（4分）； 3. 观众反映良好（3分）